NFT

THE BEGINNER'S GUIDE TO NFT

Web3浪潮來襲,
掌握最新NFT
技術應用與商業模式

新商機

60分でわかる!
NFTビジネス 超入門

森川ミユキ●著
律師法人 GVA法律事務所Web3.0小組●監修
陳識中●譯

NFT是什麼？

NFT是Non-Fungible Token（非同質化代幣）的縮寫，這是一種利用區塊鏈技術的新認證方式（數位資料）。針對原本能任意複製的數位內容，此技術有其獨一無二的價值，並因而受到關注。
（→Sec.002）

區塊鏈是什麼？

所謂的區塊鏈，簡單來說就是位於網路上的某個資料庫（數位帳本）。不同於一般的資料庫，區塊鏈的最大特徵在於沒有管理者、屬於分散式系統，無法輕易變更或竄改（非常困難）。
（→Sec.022）

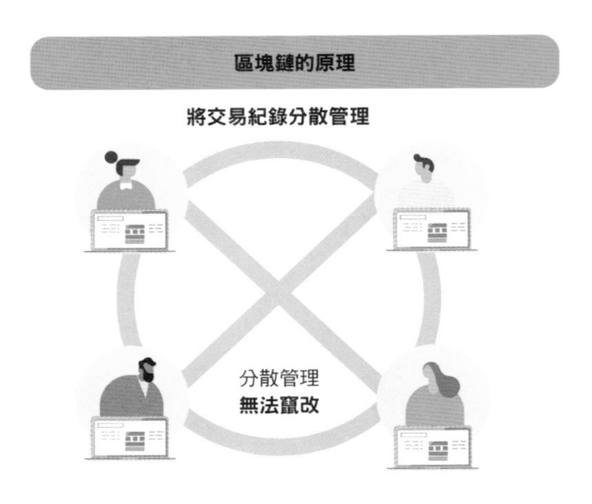

Token（代幣）是什麼？

加密貨幣也是一種代幣，而NFT也是。在資訊科技領域，代幣一詞沒有很明確的定義，但在這裡可以粗略理解為「某種印記」的意思。

（→Sec.013／Sec.025）

NFT裡面都記錄了哪些東西？

持有人的資訊、資料的儲存位置、權利關係等等。

（→Sec.006）

NFT和加密貨幣有什麼不同？

以比特幣為代表的加密貨幣（虛擬貨幣）是可替代（fungible）的，而NFT是不可替代（non-fungible）的，這是兩者最大的不同。

（→Sec.013）

FT＝可替代的代幣

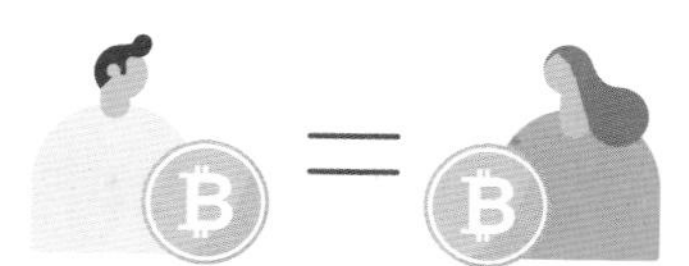

NFT＝不可替代的代幣

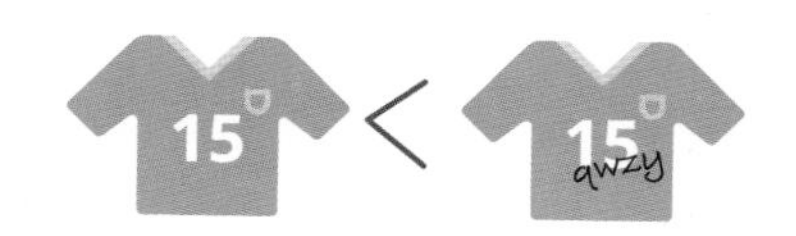

NFT藝術品（內容）是什麼？

因NFT而具有獨一無二之價值的作品。在過去，由於數位資料可以自由複製，因此要賦予作品價值很困難；但藉由NFT，數位作品也有機會像實體畫作或雕刻一般，具有獨一無二的價值。

（→Sec.003）

NFT藝術品（內容）包括哪些？

例如照片、插畫等數位藝術品，交換卡及遊戲等所使用的卡片、電玩遊戲的角色等等，此外還可以用來代表電子書籍或是雜誌的會員權，被認為有很多樣的應用方法。

（→Part 3）

NFT藝術品不能被複製嗎？

若作品本身仍是數位資料，那還是能被複製，但可藉由加附證書（NFT化）來確保原始作品的稀少性。而NFT是不可竄改或複製的（非常困難）。

（→Sec.007／Sec.050）

該怎麼買賣NFT？

NFT大多是在俗稱NFT市集的網站上進行買賣。只要註冊成為該市集的會員就能交易。

（→Sec.014）

買了NFT後，內容會保存在哪裡？

購買NFT並不等於（有各種情況）就此取得實際的內容（作品），所以可能不會讓人產生實質上的擁有感。NFT作品大多保存在不易竄改的檔案系統中。
（→Sec.025／Sec.042）

交易NFT會連帶轉移著作權嗎？

在一般的NFT市集，買賣NFT並不會轉讓著作權。實際情況要看創作者和購買者之間的買賣契約，以及市集平台的使用規定，不過通常只會釋出使用權。
（→Sec.043）

「Gas Fee（礦工費）」是什麼？

也就是加密貨幣（以太幣）交易中的交易手續費。
（→Sec.003／Sec.018）

NFT市集可以使用哪些貨幣交易？

每個交易所（NFT市集）都不太一樣，大多是使用加密貨幣中的以太幣、比特幣、Polygon（Matic）、Klaytn（KLAY）等等。最常見的是以太幣。有的交易所也接受用法幣支付。
（→Sec.016）

買賣NFT會提高收益嗎？

不一定。如果你是製作者，若有人購買你的作品，那你或許會獲得一筆可觀的收入。即便不是創作者，有時也能靠轉賣作品來獲利。但相反地當然也有面臨損失的風險，在交易時請務必記住。
（→Sec.014）

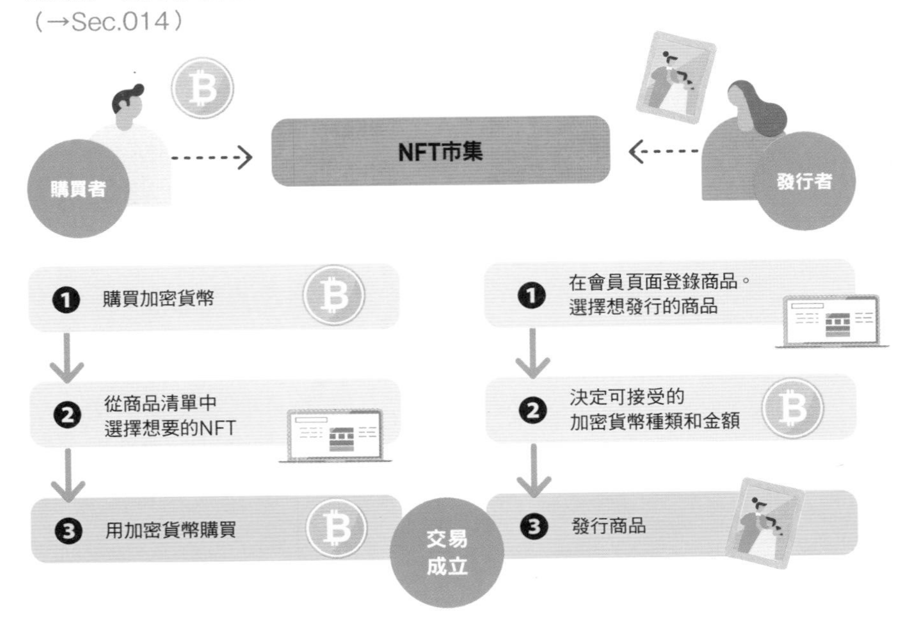

以太幣是什麼？

以太幣是目前總市值次於比特幣的第二大加密貨幣（虛擬貨幣）。以太坊是使用平台的名稱，在這平台所用的虛擬貨幣名稱是以太幣（ETH）。在日本國內，此網路平台和其使用的虛擬貨幣都叫做「以太坊」。而大部分的NFT都在以太坊發行。

為什麼NFT的主要平台是以太坊？

因為以太坊擁有智能合約的功能。智能合約是一種特殊協議，利用智能合約可以實現交易自動化，防止偽造或竄改。
（→Sec.004）

智能合約是什麼？

智能合約就是使合約自動化的協議。此概念最早由法學家兼密碼學家尼克·薩博（Nick Szabo）提出，並由維塔利克·布特林（Vitalik Buterin，程式設計師）在以太坊的基礎上開發出來後，提供給大眾使用。
（→Sec.026）

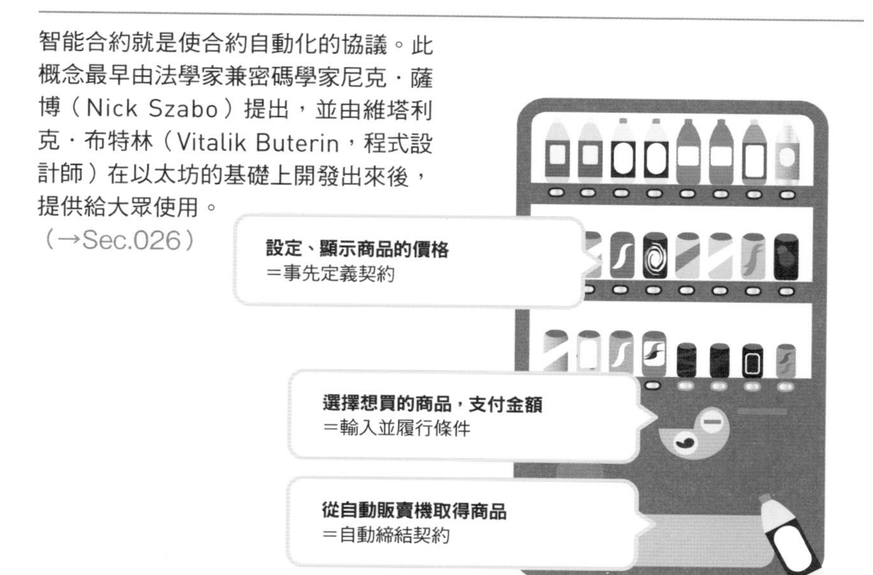

THE BEGINNER'S GUIDE TO NFT

Part 1 為何受到關注？ NFT市場的誕生與變遷

Part 2 想理解NFT必須先搞懂這些

交易和技術的原理

Part 3 日本企業也陸續加入！

NFT商業應用案例

Part 4 法律整備和權利明確化是課題所在

Part 5 逐漸改變的商業現況

■ **請務必在購買與使用前詳讀「注意事項」**

本書所載之內容純以提供資訊為目的。因此，參考本書進行經營或投資時，請務必自行判斷並承擔責任。若基於本書資訊所經營、投資的結果，未獲得預期之成果或發生損失，敝公司及作者、監修者概不承擔任何責任。

Part 1

為何受到關注？

NFT市場的誕生與變遷

用NFT引爆酷日本 日本政府也開始認真推動NFT

▶ 如果不做點什麼，人才和市場都將流失

日本自民黨的眾議院議員平將明在2022年2月4日針對Web3和NFT的課稅問題，向相關大臣提出質詢。該議員是自民黨的NFT政策計畫委員會的委員長，並兼任自民黨網路媒體局長和數位社會推廣本部代理部長等職，是自民黨的數位通。**所謂的Web3，也就是以區塊鏈技術為基礎的第三代網路環境**，而本書的主題NFT則是Web3的代表性技術和概念之一。

該議員就加密貨幣相關的稅制問題，指出由於Web3相關事業在日本難以創業，使得優秀的人才大量流向新加坡等國，要求財務省改善此問題。

另外在NFT的應用方面，該議員還認為**NFT可以成為日本固有的動畫產業和流行文化等「酷日本」政策的引爆劑，但由於法規落後導致日本業者無法判斷該不該繼續推動此項事業**。負責回答質詢的數位田園都市國家構想擔當大臣若宮健嗣也認識到NFT對酷日本戰略的重要性，表明對該領域有很大的期待。對此平將明議員強烈要求政府要推動此一成長戰略，避免NFT市場被外國搶走。

從這場質詢可以看出，日本政府和執政黨都開始對下一代的網路Web3及其核心之一的NFT抱持危機感，並想要仔細研究、向前邁進。

Web3.0時代的到來

NFT受矚目之前的歷史

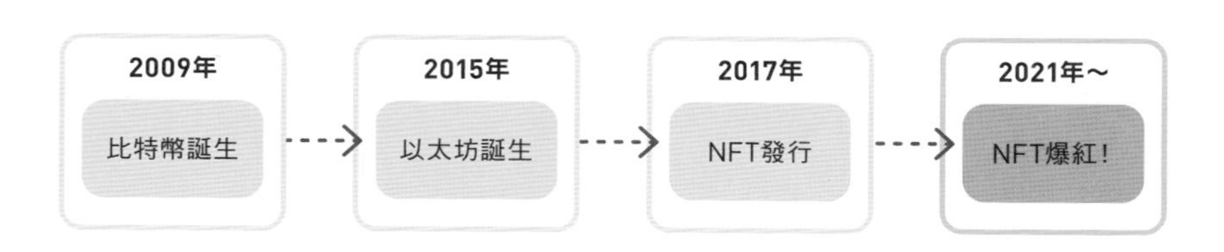

推動時代的歷史性交易 “Everydays” 6935萬美元的衝擊

用「獨一無二」提高價值

2021年3月，數位藝術家Beeple（本名：邁克．溫克爾曼，Mike Winkelmann）的作品**《Everydays: The First 5000 Days》在佳士得的網路拍賣中以大約6935萬美元（約新台幣19億元）賣出**。這個成交價是目前還在世的藝術家作品拍賣排行榜第三名，更是數位藝術作品和網路平台拍賣中的史上最高紀錄。

由於數位藝術具有可被無限複製的特色，在以前被認為不可能賣到很高的價格。反過來說，只要能證明是獨一無二的真品，數位藝術品就有可能被高價買賣。而讓這件事化為可能的就是**NFT（Non-Fungible Token，非同質化代幣）**的概念。

對於這個拍賣結果，Beeple本人曾發表感言：「過去20年來藝術家一直都有在網路上發表數位作品，但始終沒有找到可以真正擁有、收藏作品的方法。但NFT的出現改變了一切。」此外，佳士得的藝術專家諾亞．戴維斯（Noah Davis）也評道：「今天的結果堪稱為佳士得帶來了重大的數位革命。」

這場拍賣會共有33個人參與投標。其中91%是新會員，從年齡來看X世代（1965～1980年出生）占33%，千禧世代（1981～1996年出生）占58%。可說是一場新時代的拍賣會。

參考：https://bijutsutecho.com/magazine/news/market/23726

NFT藝術是會進化的作品

Beeple（溫克爾曼）有20年的數位藝術創作經歷。《Everydays: The First 5000 Days》是他持續了13年以上，每天完成一幅作品，再將那5000張創作統合為一的「Everyday」創作計畫。這個作品在成交後仍會持續更新，將隨時間不斷進化。

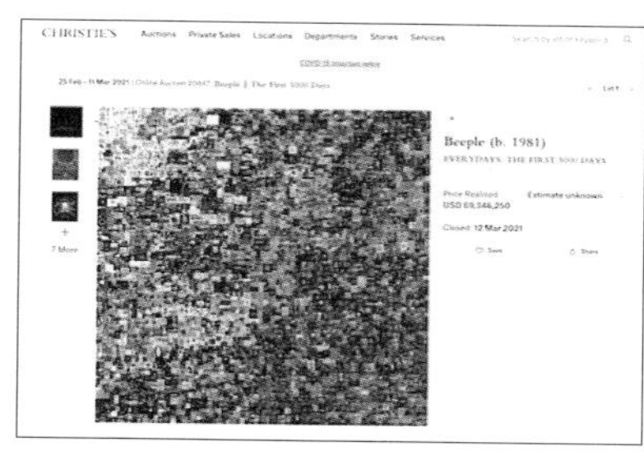

佳士得公布成交價格的網站
https://onlineonly.christies.com/s/beeple-first-5000-days/beeple-b-1981-1/112924

Beeple在作品成交的2021年3月11日（台灣時間12日）時所發的推文。當時Beeple正在家裡與家人一同觀看拍賣會的網路直播。

第二幅NFT藝術也以約新台幣8億元賣出

2021年11月，Beeple又有一件作品在佳士得網站上架，並以大約新台幣8億元賣出。這件名為《HUMAN ONE》的作品是一個能在畫面中從360度觀看的太空人行走影像，是一個「實體（不是數位作品，而是存在實物）的作品」。2021年NFT對於作品「獨一無二」的價值保證終於在藝術界生根。

佳士得在推特上公布NFT藝術《HUMAN ONE》以高價賣出。

NFT是如何誕生的？

從遊戲轉為商業

雖然NFT是在“Everydays”的拍賣會上一炮而紅的，但**最先使這項技術受到關注的，其實是加拿大的遊戲開發商Dapper Labs所研發的世界首款區塊鏈遊戲CryptoKitties**。這是一款類似「電子雞」的遊戲，並應用了NFT技術讓使用者可以自由繁殖或買賣彼此的貓咪。早期一隻角色甚至可以賣到約新台幣340萬元的高價。然而後來因為交易人數暴增，導致該遊戲運行的區塊鏈平台以太坊網路大塞車，產生交易停滯的問題。以太坊的交易手續費（俗稱「礦工費」）因此高漲，被視為NFT必須解決的難題。

目前在NFT市場上流通的主要內容多為**藝術作品、遊戲角色或交換券、紀念品或偶像等有粉絲群的IP**（有時也指智慧財產、名稱或角色）等等。

在這波潮流中，Avex Technologies的老闆岩永朝陽曾表示，「NFT的重要之處在於它拓展了數位內容的擁有體驗」〔「NFT」能改變數位商業嗎？　市場陸續誕生（《日經XTREND》2021.9）〕。以電子書籍為例，通常電子書只能在專用的閱讀器上閱讀，且原則上不能借貸或買賣，存在很多限制。但若NFT能更為普及，電子書就能像真實的書籍一樣隨時隨地拿出來閱讀，或是借給別人、轉賣給其他人。

NFT建立在區塊鏈技術之上

舊有的系統

**集中管理的
中心化系統**

在舊有的支付和交易系統中，所有的交易皆須透過銀行等第三方機構執行。這種系統俗稱「中心化系統」，是由第三方機構的大型中央電腦統一管理交易數據。

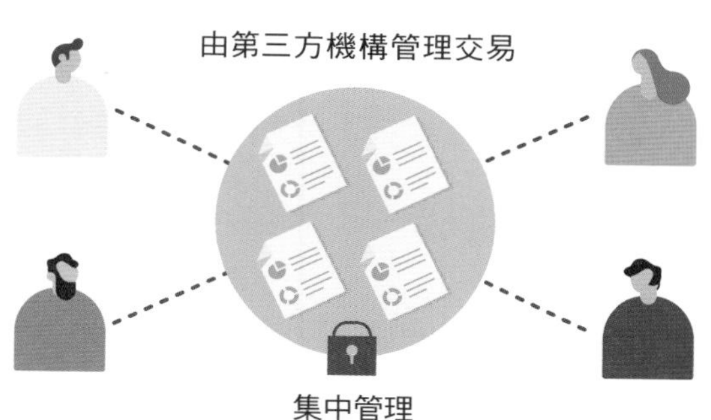

使用區塊鏈的系統

**「無法竄改」
產生的價值**

區塊鏈上的數位資料可透過公開的互相驗證來防止複製或竄改。可以實現數位空間中的「價值交換」。

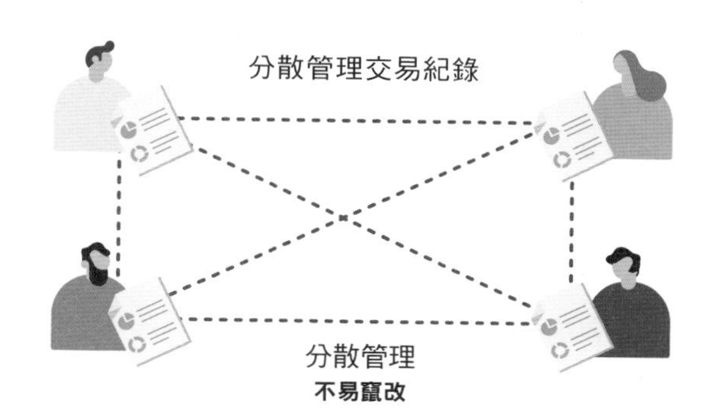

NFT藉由「獨一無二」產生價值

加密貨幣的一塊錢就是一塊錢，因為彼此的價值具有「可交換性」，可以互相替代，又被叫做「同質化代幣（Fungible Token）」。而NFT更像是「不可偽造的獨一無二之物」的鑑定書，是一個能提供證明書，以證明你對該物「所有權」的數位資料。

NFT
Non-Fungible Token
（非同質化代幣）

NFT與加密貨幣有何不同？NFT獨一無二的理由

用「智能合約」使網路交易現實化

NFT和加密貨幣（虛擬貨幣）都使用了區塊鏈技術，那麼這兩者有什麼差別呢？

加密貨幣屬於同質化代幣（Fungible Token），就像法幣或比特幣一樣，可以用數值來統一表記，每一個單位的價值完全相同，故可互相交換。另一方面，NFT則是世上獨一無二的存在。雖然NFT可以換算出金錢價值，但其本身是不能被數值化的。

同質化代幣的加密貨幣是以區塊鏈為基礎。所謂的區塊鏈就是一種沒有管理者的資料庫，具有**①不易被篡改或是複製、②價值可以轉移、③交易可被追蹤且任何人都能看到**這3個特徵。

另一方面，NFT除了區塊鏈的3個特徵之外，還必須證明是獨一無二的。必須在交易的同時藉由類似證書的機制來讓轉移擁有者形於可能。

為了實現這點，NFT運用了區塊鏈的應用技術**智能合約**。智能合約可以事先定義契約行為的內容，在交易發生的同時自動執行契約，讓轉移所有權形於可能。

加密貨幣的區塊鏈平台以太坊擁有智能合約的功能，這也是為什麼CryptoKitties是在以太坊區塊鏈上營運。

什麼是智能合約？

NFT要做的不是「物品」和「服務」的販賣或流通，而是要證明誰是擁有者或做數據的轉移。而「智能合約」就是實現這件事的技術。

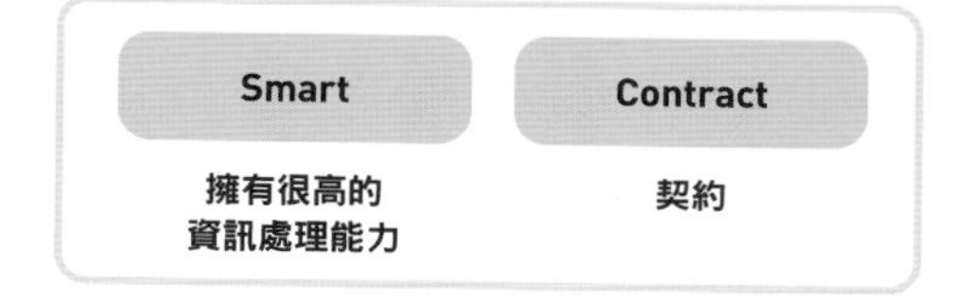

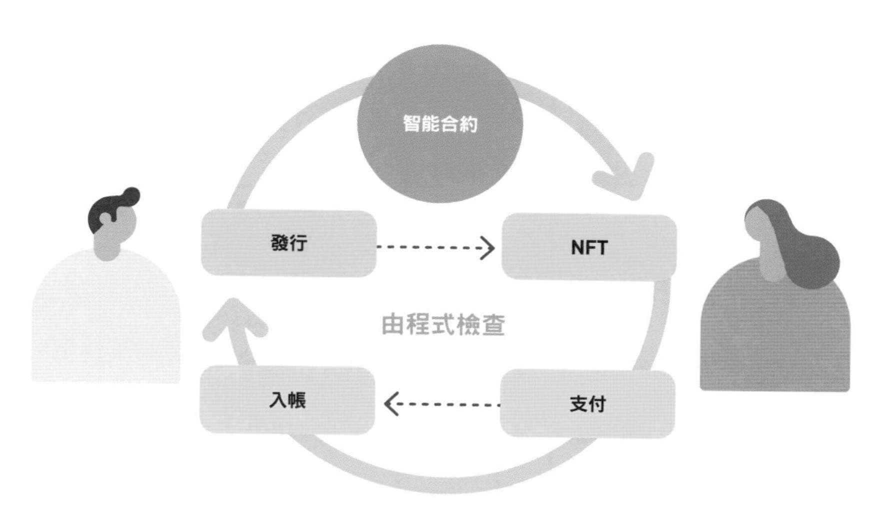

程式會自動執行契約，
在區塊鏈上記錄、保存、公開、驗證

智能合約的流程

智能合約的交易過程可以自動化，被認為有助於防止支付時的欺詐行為、縮短交易時間、提高交易效率，以及減少交易成本。同時，由於智能合約是區塊鏈上的程式，照理應該可以防止契約被竄改。

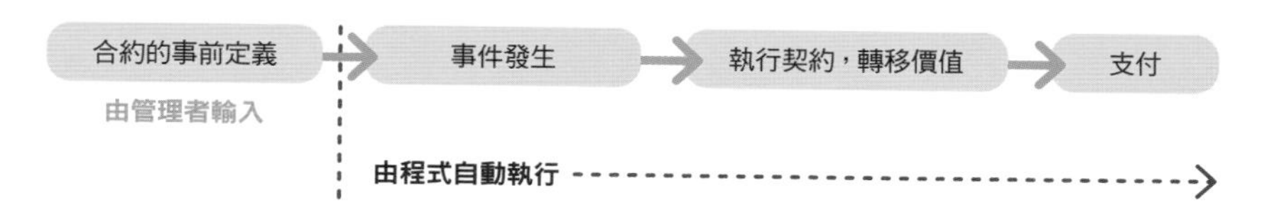

2020年是「NFT元年」日本市場也急速成長

年增140%，備受期待的商業市場

2020年可說是全球的**「NFT元年」**，發生了各式各樣的事。10月，前述的Dapper Labs與NBA合作開發的NBA Top Shot交換卡片服務開始營運。受歡迎的球員卡片可以賣到數十萬美元。12月時人氣DJ deadmau5發表了NFT作品，有許多知名音樂人也紛紛跟進仿效。“Everydays”就是這波潮流的後續。

在融資方面，3月時Sandbox拿到200萬美元的投資額，7月時Sorare獲得350萬歐元的投資額，8月Dapper Labs拿到1200萬美元，11月Mintbase獲得100萬美元的投資額。

在這股潮流中，NFT市場在2020年急速成長。總交易金額相比前一年成長了299%。而且市場規模**比2019年成長了約2.4倍，達到3億3800萬美元**。

受到這波趨勢影響，2021年日本的NFT市場也快速興起。8月時電音女子團體Perfume的NFT藝術相繼在拍賣會上推出。同月旗牌公司（Shachihata）宣布與早稻田Legal Commons法律事務所共同開發應用NFT的電子印鑑，9月日本職棒西武獅隊開始販賣NFT商品。

同時NFT交易所也陸續成立。7月有KLKTN（發音同collection），8月底有Adam byGMO，其他還有LINE和樂天集團、ASOBISYSTEM（旗下有知名藝人卡莉怪妞）等公司也都宣布要進軍NFT市場。相信在短期內，全球和日本的NFT潮流都將繼續加速。

NFT的市場規模急速擴大

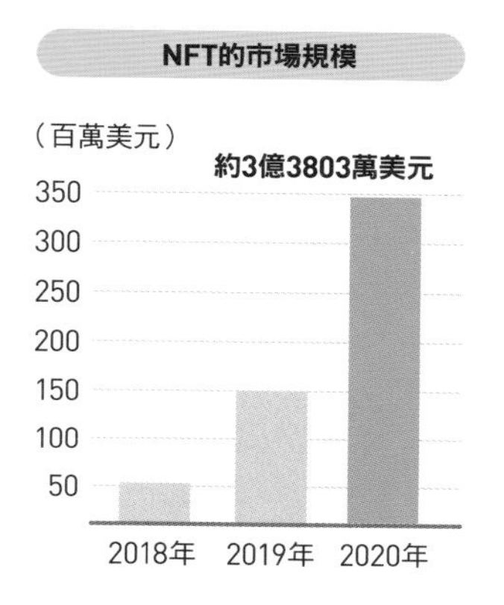

出處：〈Non-Fungible Tokens Yearly Report 2020〉

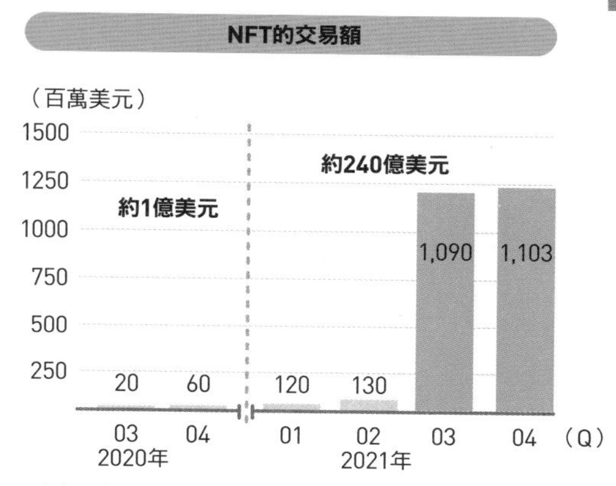

出處：〈RADAR Whitepaper〉

進軍NFT市場的熱門IP、品牌

領域	IP	品牌
電子遊戲	Capcom	Street Fighters
電子遊戲	SQUARE ENIX	The Sandbox
體育	Formula 1	F1 Delta Time
體育	NBA	NBA Top Shot
體育	皇家馬德里足球俱樂部	Sorare
時尚	NIKE	CryptoKicks
時尚	LVMH	Louis Vuitton、Christian Dior
娛樂	BBC Studios	Doctor Who
娛樂	華納音樂	Investment in Dapper
藝術	佳士得	NFT-bound artwork
藝術	deadmau5	NFT collectibles launched on WAX
基礎設施	Microsoft Azure	Azure Heroes
基礎設施	IBM	Custom blockchain with NFT support
基礎設施	Samsung	Wallet Supporting NFT

NFT交易仍在發展中 未來的改良與完善備受期待

搭配智能合約也能保障法律權利

關於NFT的資料結構，簡單來說，主要是由索引資料、詮釋資料（metadata）和物件資料這3層所組成。索引資料是用來連結NFT擁有者的地址和詮釋資料的資料庫。而詮釋資料則是用來連結與NFT相關的資訊（名稱或說明）和物件資料的資料庫。

一般來說，這些資料應該部分或全部記錄在區塊鏈上，但是因為以太坊的「礦工費」非常高，所以現在大多只把索引資料記錄在區塊鏈上。

至於法律權利的部分，NFT的數位資料本身並不包含這些訊息。所以要確實連同這些權利一併轉移的話，需要另外搭配智能合約這一類的機制。

由上述可知，NFT可以實現的部分包含以下4點：**①賦予數位資料獨一無二的特性**（必須為索引資料＋詮釋資料＋物件資料兼備的架構）、**②不可竄改**（必須為跟①一樣的三者兼備的資料架構）、**③利用智能合約，加入進行轉賣時須支付手續費給原始創作者等的附加功能**、**④不依賴特定的交易平台**（但實際上幾乎都只在特定平台進行交易）。

目前NFT仍在發展當中，也還存在內容被竄改或消失的風險，以及交易後權利沒有確實轉移的案例，但相信未來應能迅速改良並逐漸完備。

NFT的資料結構

由索引資料、詮釋資料、物件資料這3層所組成。一般來說，這三者應該部分或全部記錄在區塊鏈上，但由於以太坊的「礦工費」很高，因此大多數NFT只把索引資料記錄在區塊鏈上。

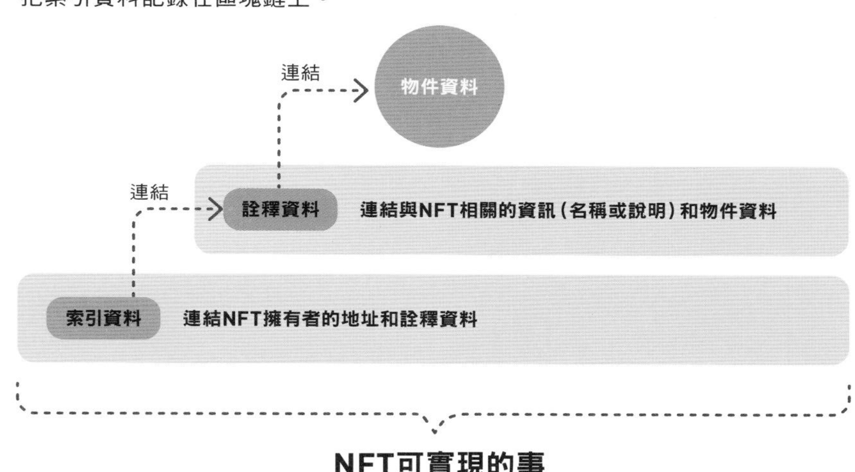

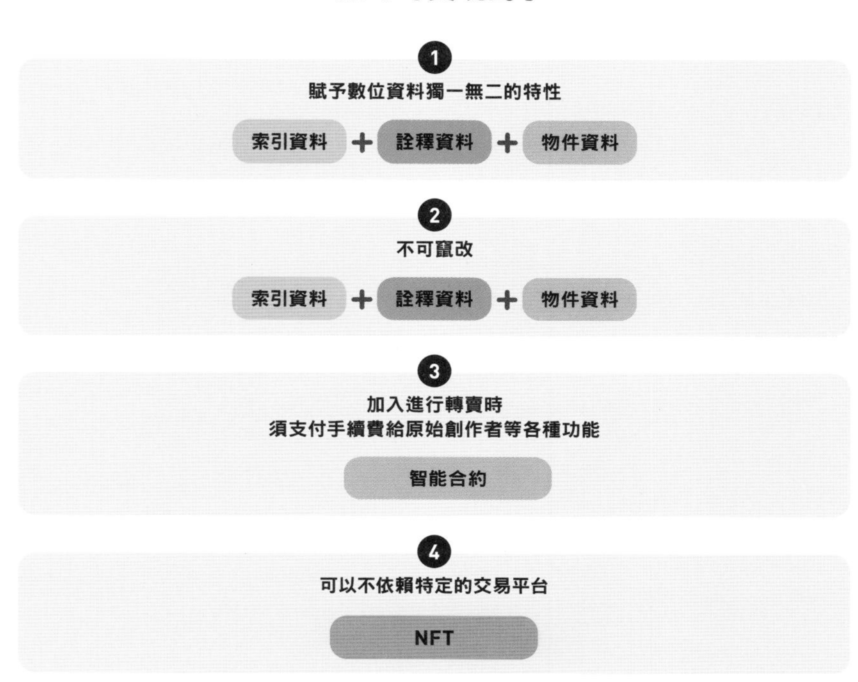

持續擴張的NFT商業［藝術］拍賣和販售狀況熱烈

陸續登場的拍賣會

在“Everydays”之後，市場仍持續出現NFT數位藝術作品以高價成交的案例。現在在OpenSea等市集上**有很多數位藝術品的拍賣會或賣場**，被視為一種新商機而受到大眾關注。

2021年4月，曾推出AI虛擬對話機器人「ONE AI」的1SEC公司，開始以NFT形式販售自家公司的虛擬球鞋。雖然虛擬球鞋買了也不能穿，只能在螢幕上觀賞，但在拍賣開始9分鐘後，這款球鞋便以大約140萬日圓的價格銷售一空。加密貨幣狗狗幣（Dogecoin）的原始圖片（柴犬畫像）也在2021年5月31日展開拍賣，價格在6月11日超過了4億日圓。

NFT不只能以高價賣出，還能利用智能合約，當作品一旦出現在市場後，NFT藝術品每次要轉賣時，**讓該藝術品的原始創作者都能獲得一部分的成交金額**。因此，有愈來愈多藝術家開始考慮利用NFT。

但就跟實體藝術創作一樣，要留意大多時候購買NFT藝術品並不等於獲得該作品的著作權。因此在購買時若沒有仔細確認自己到底能獲得哪些權利，便有可能因為不小心侵權等而發生法律糾紛。另外，大多數NFT藝術品本身仍有被複製的風險，因此購買時也需要檢查該作品是如何確保稀少性。

「1SEC」的虛擬球鞋

1SEC販賣由日本推出的收藏性虛擬球鞋。靈感來自美國嬉皮文化運動。

利用NFT慈善拍賣超有名的柴犬圖片

因「Doge」迷因而被全球愛狗人士喜愛的柴犬「かぼす（Kabosu）」的圖片著作權所有者（Kabosu的飼主），收到了許多「NFT化」的提案。最終於2021年6月8日舉行了NFT慈善拍賣會。

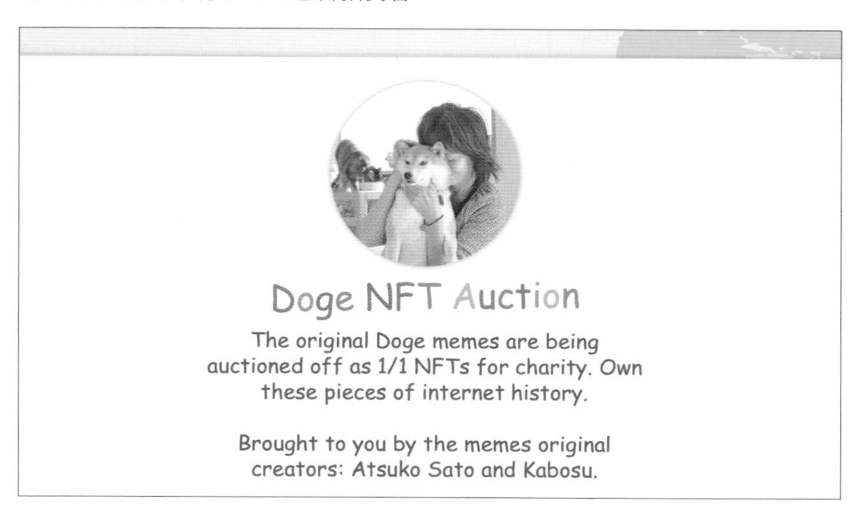

https://very.auction

持續擴張的NFT商業 [遊戲] 跨遊戲道具交易成為可能

也可實現一邊玩遊戲一邊賺錢

應用了NFT技術的遊戲，因為其底層技術而被稱為**「區塊鏈遊戲」**。具體來說，所謂的區塊鏈遊戲就是把遊戲內使用的道具等發行成NFT放到區塊鏈上，使其可以在區塊鏈上進行交易的遊戲。

區塊鏈遊戲的先驅就是前面提過的CryptoKitties。這款遊戲在2017年冬天發行，成為普羅大眾認識NFT的契機。

現在在日本，如CryptoSpells、My Crypto Heroes、Axie Infinity、The Sandbox、Sorare等區塊鏈遊戲也有很多人在玩。

傳統的網路遊戲是由遊戲公司以中央集權的方式統一發放、管理道具，但在區塊鏈遊戲中，**玩家可以在遊戲公司的平台之外交易遊戲道具**，這是很大的不同之處。也有公司推出可在多個遊戲中相互使用的道具或角色。

於是出現了很多試圖靠玩遊戲來獲利的使用者。因為稀有的道具或角色可以拿到NFT市集上買賣，換成加密貨幣。此外，也有一些遊戲可在遊戲中獲得加密貨幣。以Axie Infinity為代表，實際上有愈來愈多人靠這款遊戲維生。

至於道具轉移等在原理上雖然可行，但有時遊戲本身的使用合約也會禁止此一行為，因此在購買前請先確認取得這個NFT可以獲得哪些權利。

傳統網路遊戲與區塊鏈遊戲的差異

傳統網路遊戲		區塊鏈遊戲
・由遊戲公司管理。 ・無法脫離遊戲存在。 ・使用者無法自由轉移、販賣、借貸。	資產	・可以NFT形式由遊戲使用者擁有。 ・在遊戲外也能轉移、販賣、借貸。 ・第三方也能利用NFT提供服務。
・使用者可花時間或金錢累積遊戲紀錄，但遊戲停止運作後就無法再使用。	永續性	・（只要區塊鏈存在）遊戲內道具就可永遠使用下去。
・使用者有可能竄改資料來違法強化角色。	安全性	・由於區塊鏈的防竄改機制，不可能作弊。

※遊戲資產：道具或角色資料等使用者可在遊戲中保有的資料財產。

高人氣的區塊鏈遊戲

CryptoSpells

由Crypto Games發行，來自日本的交換式卡片遊戲。

遊戲中可取得的卡片會鑄成NFT，可以在NFT市集賣掉稀有卡片來獲利／如果取得卡片發行權，則可發行原創卡片／卡片的參數調整等由使用者投票決定的去中心化遊戲

My Crypto Heroes

由double jump.tokyo株式會社開發、發行，來自日本的區塊鏈MMORPG（大型多人線上角色扮演遊戲）。

以以太坊為基礎的區塊鏈遊戲，曾創下區塊鏈遊戲中交易量、交易額、DAU（每日活躍用戶）世界第一的紀錄／以「在遊戲中花費的時間、金錢、熱情都會成為你的資產的世界」為口號，遊戲內的資產皆可自由保有、交換、買賣／2018年時曾推出電視廣告

Axie Infinity

用名為Axie的怪獸互相對戰的遊戲。

在區塊鏈遊戲中，活躍玩家數和以太幣交易額最多的遊戲（2021年8月）／玩遊戲可獲得SLP和AXS這2種加密貨幣／AXS的升值幅度已較年初增加超過70倍（2021年8月）／讓「Play to Earn（邊玩邊賺）」這個名詞流行起來的遊戲

The Sandbox

可在3D開放世界中打造建築物或原創遊戲的遊戲。

遊戲內的土地可像現實世界中的不動產一樣進行交易／2021年4月由Coincheck販售的33個土地區塊在8分鐘內售完，成為話題／可用長方體組合出稱為Voxel Art的NFT藝術品來販賣

參考：https://www.fisco.co.jp/media/crypto/nftgame-about/

持續擴張的NFT商業［體育］在新冠疫情中體育事業加速發展

NFT成為體育事業的重要營利來源而備受關注

NFT在體育界也正蓬勃發展。尤其是在新冠疫情期間，許多體育比賽和活動被迫中止，對沒有觀眾還得舉辦比賽的體育行業造成巨大的衝擊，於是體育界將目光轉向NFT，把NFT當成重要的營利來源。

前述的NBA Top Shot至2021年4月為止的總交易額已超過6億美元。雷霸龍．詹姆斯（LeBron James）的精彩時刻影片以約21萬美元的高價賣出也蔚為話題。

同樣的NFT潮流也擴及美國職棒大聯盟，開發出了MLB Crypto Baseball這款遊戲。而說到遊戲和體育的結合，交換式卡片遊戲Sorare也被視為體育商業模式的一種。

在足球界，則有利用加密貨幣讓球迷與體育俱樂部進行交流的企劃Chiliz（也是該平台的加密貨幣名稱）。Chiliz是一種稱為粉絲代幣（Fan Token）的加密貨幣，持有它可以獲得各種商品優惠或福利。Chiliz也和日本的加密貨幣交易所Coincheck合作，將來應該有機會在Coincheck上市。

在體育界，由於**一般購買NFT時不會取得著作權**，例如就算買了NBA精彩時刻NFT，也不能使用買來的影片替自己的公司打廣告。而且體育界特別需要注意人格權問題。**必須仔細檢查其內容有無侵犯到體育選手的權利。**

日本體育界引進NFT的情況

棒球

西武獅隊在2021年9月開設了「LIONS COLLECTION」。這是日本職棒第一個由球團官方發行的NFT。未來也預計推出可供球迷買賣或是轉讓的二手交易功能。

「2021選秀新入團選手發表會影片　全球員介紹ver.」。販賣數10，售價1萬日圓。

足球

正在和遊戲公司共同開發區塊鏈遊戲的OneSport與AXEL MARK公司，在2021年8月與J聯盟簽訂了授權條約。J1、J2所屬的42個俱樂部和超過800位球員，都將在模擬遊戲中以實名實照方式登場。玩家可以組成自己的俱樂部，並安排出場選手。可以把贏得聯盟冠軍當作遊戲的目標。知名選手和自己培育的強力選手，可以因為稀有而產生市場價值。

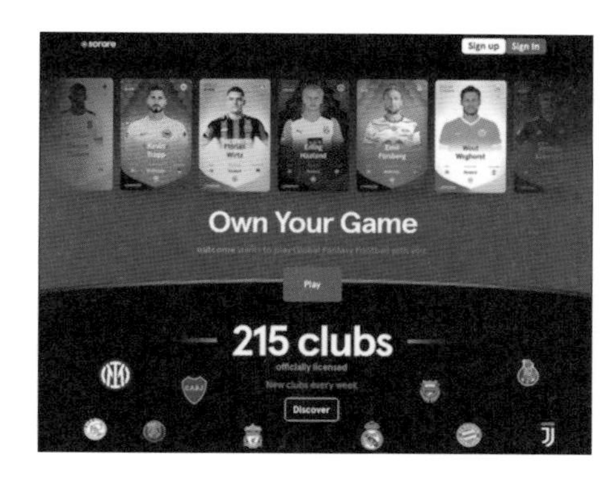

2018年由法國開發，應用了NFT技術的區塊鏈夢幻足球遊戲「Sorare」。遊戲玩家需要在NFT市集購買球員卡來組成一個假想的球隊。然後會根據球員在實際的比賽成果，來替遊戲中的隊伍計分，決定輸贏多少。
https://sorare.com/r/outcome

NFT商業的全貌 從水平、垂直兩方面推動無邊界化

NFT商業的3層結構

NFT商業大致是由3個階層所組成。

首先是最底層的基礎設施，也就是技術和機制。以太坊是最具代表性的NFT基礎設施，但除了以太坊之外，也有其他支持NFT的區塊鏈，而且除了區塊鏈之外，也需要交易用的錢包等技術。

在此基礎上，還需要有可以交易的內容。雖然內容不是不能由買賣雙方直接進行交易，但出於技術面和交易安全性的考量，這麼做是不切實際的，所以**通常是透過NFT市集或加密貨幣平台等交易所來進行交易**。

內容的部分一如前幾節所述，目前以藝術品、遊戲、體育相關的商品居多。不過體育界的NFT既接近藝術品的操作，也以遊戲的形式存在。它們大多無法明確分類，有逐漸無邊界化，**以具有稀少性的內容為主**的趨勢。

另一方面，**不追求稀少性而追求便利性的NFT在未來可能也會愈來愈多**。譬如前面已經舉例過的電子書，就有可能透過NFT來實現轉讓、買賣、借貸。

在內容的類型逐漸無邊界化的同時，NFT的3層結構也有垂直整合的趨勢。像是前面介紹過的開發CryptoKitties的Dapper Labs公司，就推出了針對遊戲和娛樂性打造的區塊鏈FLOW，同時也將作為交易所的NBA Top Shot放進營運。

NFT商業的3層結構

有的公司會獨自承攬「內容」、「交易所」、「基礎設施」這3層，也有的公司只負責經營其中2層，例如「內容」和「交易所」，或是「交易所」和「基礎設施」。由於「Dapper Labs」這種垂直整合所有領域的公司與任天堂的垂直整合模式很類似，所以又叫做「任天堂模式」。

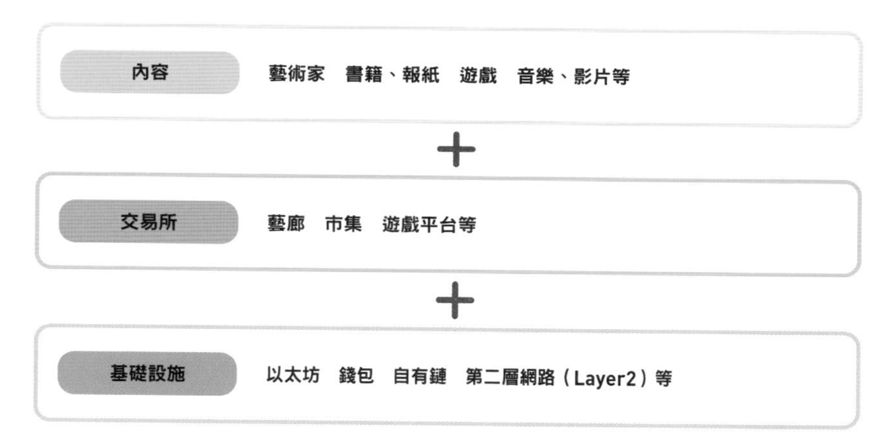

無邊界化的內容類型

❶數位藝術品這種基於稀少性的高價交易。❷將遊戲道具等化為個人資產的低價交易（也存在部分高級品）。❸提供企業導向的工具（SaaS）來收取手續費的B2B商業模式。現在NFT最有名的是高價品拍賣，但一般認為今後追求使用者便利性的低價交易和商業用途將逐漸增加。

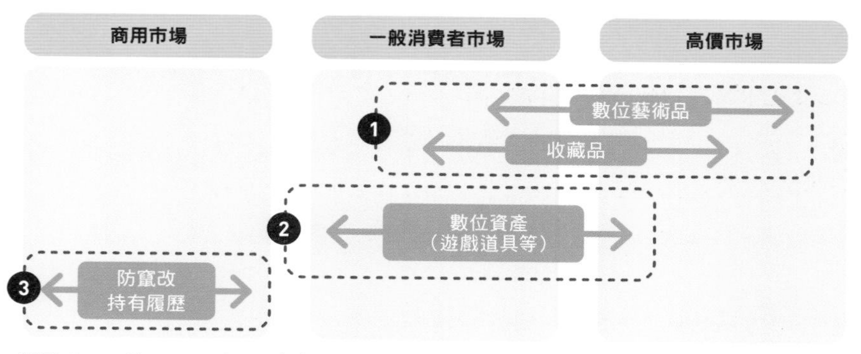

參考：https://note.com/strive/n/n2933a1b97629

NFT商業路線圖
建立新經濟圈和給予附加價值

Yahoo!拍賣也能交易NFT內容

目前NFT商業正朝哪個方向發展呢？我們來看看幾個具體實例，亦即稍微跑在前頭的幾家企業吧。

另一個和Dapper Labs一樣以**垂直整合**為目標的公司就是LINE。LINE建立了自己的區塊鏈，並開發自己的加密貨幣LINK。此外LINE也開發了自家的錢包（保管NFT或加密貨幣用的電子「錢包」）LINE BITMAX Wallet，更公開了即使不是區塊鏈工程師也能製作區塊鏈遊戲的開發工具。不僅如此，2021年6月LINE還在LINE BITMAX Wallet內開設了名為NFT Market β（2022年4月起改名為LINE NFT）的市集。另外，日本「Yahoo!拍賣」也宣布將推出可交易的NFT。

LINE的目的是**建立一個進行內容買賣的經濟圈**。

另一方面，也有公司**嘗試利用NFT替既有的商品增加附加價值**。古典音樂綜合情報誌《BRAVO》的發行者BRAVO Holdings的子公司Royalty Bank的NFT紀念品事業就是一個例子。

這是一種可將化妝品贈品或雜誌附錄等鑄造成NFT，以數位內容販售的功能。這項技術可將大量的數位內容一口氣鑄造成NFT，研發出該技術的公司已提出專利申請。只要在實體商品附上一張印有QR Code的卡片，就能讓消費者獲得NFT。

「LINE」在2022年春天開始營運的服務 NFT綜合市集「LINE NFT」

整合NFT 3層結構的服務。可在既有的LINE App內輕鬆轉移NFT這點，具有很高的附加價值。

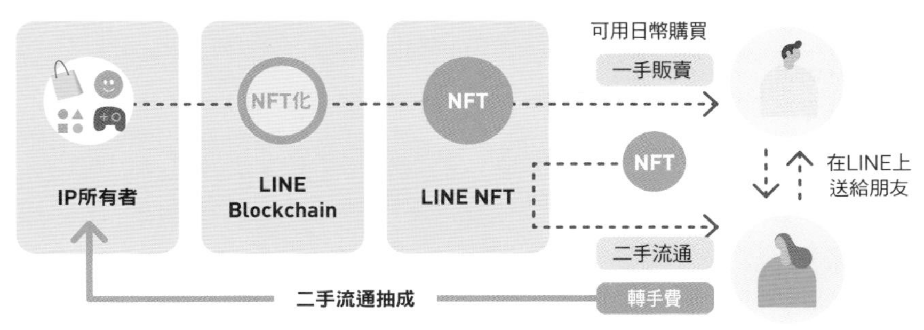

出處：https://prtimes.jp/main/html/rd/p/000003509.000001594.html

Royalty Bank的四大NFT事業

從事版稅交易仲介業務的「Royalty Bank」推出了四大NFT服務：使用NFT技術「證明內容、作品的出處」、「保證其價值」、「適當管理」、「擔保價值」。

複製畫事業「MasterDig」	・用NFT證明作品獨一無二的特性。 ・在NFT中寫入交易條件，可在同公司經營的二手市場（DaVinci）轉賣。轉賣時會支付部分金額給創作者。
紀念品事業	・把大量鑄造出來的NFT附到紀念品上，提高商品價值，使其變成「獨一無二的紀念品」（申請專利中）。 ・可以提高與持有NFT的使用者的交流。
虛擬博物館事業	・為展示在虛擬美術館中的藝術品鑄造NFT，並加以管理、販賣。 ・藝術家可自由展示作品。使用者可在其中欣賞，也能購買作品。
拍賣事業「DaVinci」	・在拍賣會上販賣鑄造成NFT的藝術作品。 ・亦可當成複製畫事業和虛擬博物館的二手市場使用。

參考：https://www.royaltybank.co.jp/nft

確保所有創作者收益的系統

買賣後創作者也可以掌控內容

NFT的底層技術——區塊鏈被譽為「下一波的科技革命」，但它到底有何優秀之處呢？答案是**不存在中心化組織，而是藉由網路串連起分散於各處的不特定多數使用者，因此可以保證值得信賴**。

藝術家把自己的作品上傳到網路時，就算是放在付費網站上販賣，一旦放到網路上就再也無法掌控自己的作品。這些作品可能會在其他地方被非法複製散播。藝術家要完全掌握自己的作品在哪裡被什麼人使用是不可能的事。

但在區塊鏈上，**實際上要複製或竄改資料幾乎是不可能的事**，也能追蹤到內容是從誰的手中交給誰。

創作者可以規定自己的作品不可用於那些用途，也能限制一項作品只能賣多少份。就像NFT藝術品一樣，可以保證作品的稀少性。

另外在區塊鏈上，創作者或業者之間也更容易互相合作，共同創造作品的稀有價值。因為誰在作品上增加了什麼全都會留下紀錄，因此也能減少權利關係上的糾紛。

如果由一家公司負責管理作品權利的話，一旦該公司終止服務，一切就結束了，但區塊鏈上的資料會被永久保存，創作者也更安心。

活化藝術品市場的NFT也開始引起政府的注意

2022年2月，一般社團法人JCBI（Japan Contents Blockchain Initiative）對日本內閣府智慧財產戰略本部的「數位時代下的著作權制度與相關政策型態專案小組」，以及文化廳著作權課的文化審議會著作權分科會「基本政策小委員會」，就相關課題、措施及內容產業的存續方向提出了建議。

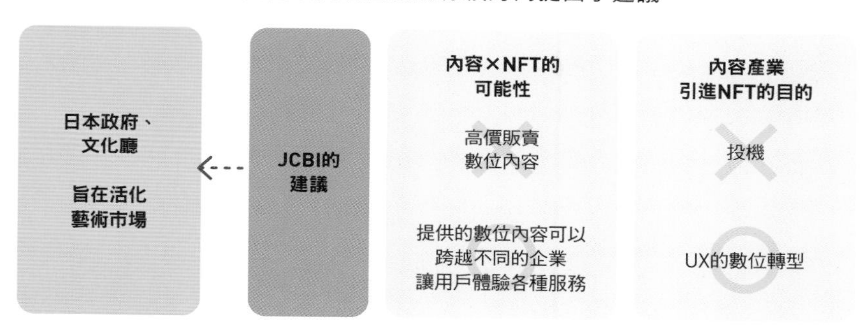

保護創作者權利的NFT服務

「Startbahn」是一家利用區塊鏈技術為藝術作品的真實性和可信度提供擔保的公司。該公司的「Startrail」則是專為區塊鏈上的藝術品提供評價和通路的基礎設施，並為全世界的各種藝術服務提供可記載作品資訊的證明書。

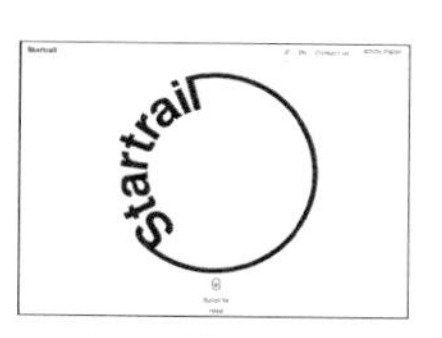

https://startrail.io

「Startrail」發行的數位證書可用於證明作品的所有權和來歷等用途。

○證書記錄在區塊鏈上。可半永久保存，能降低傳統紙本證書遭到竄改、複製、遺失的風險。

○證書上會自動記錄買賣、轉讓等履歷。並留下作品價值與可信度的相關資訊。

○創作者或管理者發行「證書」時可設定規則。可更便於管理作品的二手流通和著作權。

○透過實體證書連結作品和區塊鏈上的資訊，也能在線上轉移證書。

藝術品販賣相關服務
藝術電子商務　藝術品拍賣
藝廊　藝術品中介商

與藝術品相關的金融服務
藝術品保險　證券化、分割化
藝術品信託　藝術品擔保融資

作品的實質保存、價值保存、教育等相關服務
鑑定、修復服務　保管、運輸服務
教育機構　美術館

其他服務
Web服務　手機App的Web服務　手機App

參考：https://cgworld.jp/interview/202103-blockchain-art01-3.html

Column

對發行者和持有者而言有什麼好處與壞處

讓我們整理一下NFT化的好處和壞處。一般認為NFT化的好處大致有5種。

①可證明數位資料的唯一性

基於區塊鏈具有不可竄改的性質，NFT可確保資料不可複製，具有唯一性。

②賦予資料附加價值

利用智能合約。

③容易交易

NFT的格式已經規格化，可交換性高。

④任何人都能製作

事實上，就有小學生的暑假作業畫作以高價賣出。

⑤沒有損壞或遺失的風險

由於是數位資料，不會因為火災等物理原因而損壞。

同時NFT也存在3個缺點（課題）。

①法律制度尚未完備

因為是快速興起的市場，所以相關的法規未臻完備，關於持有NFT在法律上究竟代表擁有什麼樣的權利，可能會有引發糾紛的風險。

②手續費容易上漲

以太坊的「礦工費」居高不下是NFT的一大問題。

③無法實質擁有

基本上只能透過螢幕觀看，難以讓人有實際擁有的感覺。

Part 2

想理解NFT
必須先搞懂這些

交易和技術的原理

加密貨幣和NFT的不同

規範NFT的代幣規格ERC-721

在了解NFT的原理後，如果是原本就知道加密貨幣（虛擬貨幣）的人，應該稍微思考一下就能理解兩者的差別。前面的章節已經解說過這兩者最大的差異就在於，同質化（fungible）和非同質化（non-fungible）。

舉例來說，比特幣屬於同質化代幣，任何人手上1比特幣的價值都是1比特，可以做等價交換。另一方面，有金牌選手簽名的T恤或是有畢卡索署名的真跡畫作則擁有獨一無二的價值，無法被其他東西取代。雖然被視為等值的東西可以交換，但那並非客觀的價值，而是由拍賣等行為的結果來決定它的價值。

NFT的T是token的縮寫。Token這個詞很難找到能完全對應的中文詞彙，可以是證據、紀念品、代幣、兌換券、禮券等各種不同的意思，最常見的中文名稱是「代幣」，但總體來說這個詞具有「某種印記」的含義。

發行代幣時需要選擇一種代幣規格。諸如**穩定幣等ERC代幣採用的是ERC-20**這個規格，但**NFT大多是採用ERC-721規格**。ERC是Ethereum Request for Comments的縮寫，是以太坊的智能合約規格。

NFT有4項特點：**唯一性、可交易性、可交換性、可編程性（可以增加附加功能）**。而NFT的可交換性便是基於ERC-721這個共同標準規格。

NFT的「N」代表「不可能」

FT＝可替代的代幣

可替代＝價值相同

我手上的「千元鈔票」和其他人手上的「千元鈔票」是等價的。比特幣等加密貨幣也一樣。

我的1BTC＝別人的1BTC

「可替代」便意味著不具有「獨特性」。有很多相同價值的東西存在。

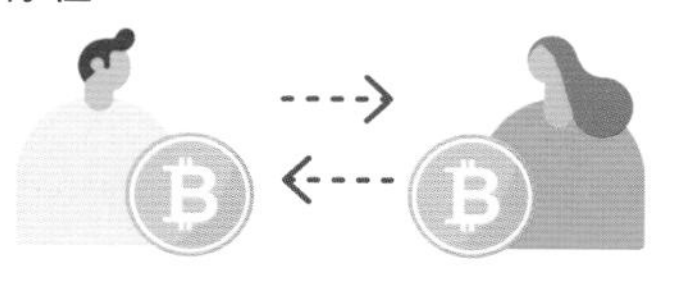

NFT＝不可替代的代幣

不可替代＝價值不同

雖然同樣都是「官方球衣」，但上面有知名選手簽名的球衣價值更高。

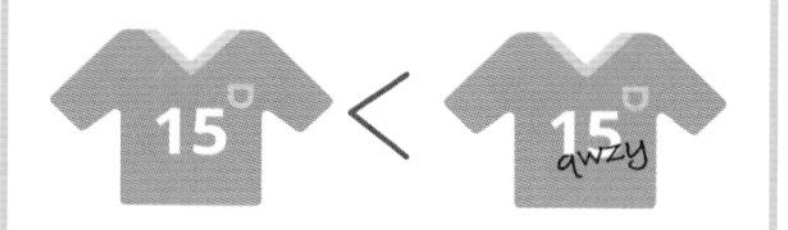

普通官方球衣 < 有知名選手簽名的球衣

NFT的特色就是可證明某個東西是具有獨特價值的「獨一無二」之物，且「不可替代」。

NFT和FT的差異在於代幣規格不同

	FT ←不具交換性→	NFT
特徵	可替代 （可與同規格、同價值的其他代幣互換）	不可替代 不能被其他東西代替 （獨一無二，不存在相同之物）
代幣規格	ERC-20	ERC-721
可應用的領域	數位貨幣（比特幣、組織內的點數等）。數位證券（股票、債券、碳權等）	數位內容（遊戲道具或是角色、作品等）。實質物品的登記（不動產、鑑定品等）

※若不限數位資料的話，那麼法幣、禮券、股票、證券等也算是FT（同質化代幣）。

NFT是如何交易的？

註冊帳號並製作錢包後就能進行買賣

那麼具體要怎麼做才能購買NFT呢？我們以日本最早開始提供NFT交易服務的**Coincheck**為例來說明。

首先要到Coincheck註冊會員。輸入電子郵件地址和密碼後點擊註冊按鈕，然後Coincheck便會寄一封認證信到你填寫的電子信箱。開啟該電子郵件並點開連結網址進入會員登入頁面後，拍下可確認身分的文件（身分證或駕照等等），上傳照片。

第二步要製作用於管理NFT的錢包。錢包可以從Google Chrome線上應用程式商店取得。如果是從Chrome 線上應用程式商店下載的話，目前最多人使用的是**MetaMask**。安裝好錢包之後，接著就到Coincheck的會員頁面存入欲使用的貨幣。

然後將轉入的貨幣換成加密貨幣存入錢包，再登入**NFT市集（交易所）**就能購買NFT了（必須事先註冊市集的帳號）。目前最有名的NFT市集是OpenSea，但Coincheck也有自己的市集Coincheck NFT（β版）。

要把自己的原創內容鑄成NFT販賣也很簡單。首先準備好作品，然後將作品的詳細資料填入NFT市集的表單裡，最後再點擊上傳就可以了。

NFT市集「Coincheck NFT（β版）」

全球NFT市場急速擴張的幕後功臣，就是提供大眾買賣NFT的「市集」。日本國內的大公司也陸續加入此一市場。

引領日本NFT市場的市集「Coincheck NFT（β版）」的登入畫面。https://nft.coincheck.com

可在「Coincheck NFT（β版）」交易的NFT

元宇宙道具／NFT交換卡片／次世代卡片遊戲
區塊鏈遊戲／元宇宙3D角色

販賣和購買NFT的流程

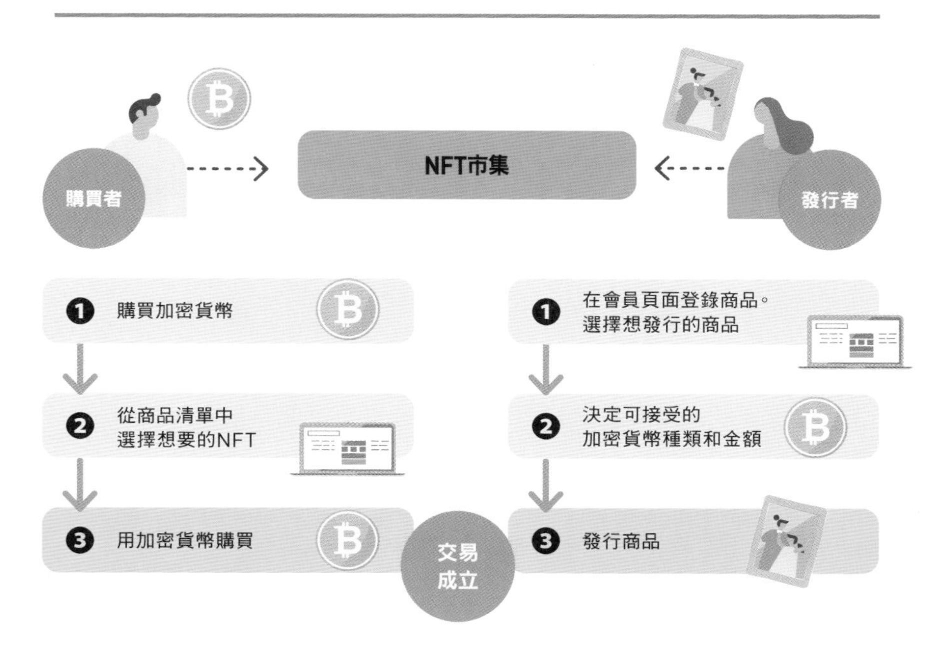

轉賣NFT內容

轉賣的門檻比自己發行內容更低

想靠NFT獲利的人大致可以分成2種。**一種是自己製作內容販賣的人，另一種是想購買別人製作的內容再高價轉賣的人。**

如果原本就是創作者的話，原則上只要自己創作內容即可。但相信有不少人是在聽說「小學三年級學生的暑假作業『自由研究』以380萬日圓賣出」的新聞後，開始心想自己的作品是不是也能鑄造成NFT以高價賣出。

不過這個作品其實是偶然被某位知名DJ在網路上看到，然後被用來當成他的Twitter頭像使用才開始受到注目的。雖然作品本身應該也相當具有魅力，但實際上運氣占了很大的成分。

事實上，一般人要自己製作內容很困難，而且想高價賣掉自己的作品通常必須進行行銷。換句話說，要自己製作並發行內容的門檻相當高。

實際上仔細觀察NFT市場，便會發現真正成交的內容只占極小的一部分。這就跟我們在真實世界拿自己的畫去賣的情況差不多。

因此我想建議非創作者，**轉賣NFT內容的方法**。如此一來只需要去購買已經成交的內容，不需要自己進行行銷。

不過，NFT內容本身也有可能在購買後開始貶值，所以千萬別忘了用於購買NFT的加密貨幣的價格波動也有可能造成虧損。

新手比起自己發行內容，更建議選擇轉賣

	發行NFT內容		轉賣NFT內容
製作內容	**製作有價值的內容很困難**	製作內容	**不需要製作內容**
創建合集	**需要具備一定的編程知識** NFT內容有很多是運用「合集（collection）」的概念，大量製作同一系列作品來販賣。	創建合集	**不需要自己做**
品牌行銷與宣傳	**需要** 不要想「碰運氣」，像是期待得到名人的青睞等。	品牌行銷與宣傳	**選擇已經出名的作品，就不用自己做行銷**
	如果把販賣內容視為一種「投機」的方法，那麼自己製作並發行內容以求獲利的門檻很高。		由於目前NFT內容的流動性較低，因此最好挑選已有一定人氣且流動性高的內容較妥當。

轉賣NFT內容獲利的訣竅

確認作品的交易履歷

成交價格是往上升嗎？
流動性高嗎？

調查交易用的加密貨幣的使用情況

應用案例多的以太幣自不用說，
此外也可多留意其他加密貨幣。

利用先行者優勢

未來想買的人會愈來愈多，
所以提前蒐集作品，增加收藏數量。

選擇優秀的作品

並非所有作品都能賣到高價。
外國的流行也會擴散到自己國內。

發行、購買NFT內容的市集

任何人都能自由交易NFT內容的場所

買賣NFT內容的平台稱為**NFT市集（NFT交易所）**。

NFT市集的交易大多是使用加密貨幣，不過每個市集可用的加密貨幣則不盡相同。目前包括**以太幣、比特幣、Polygon（Matic）、Klaytn（KLAY）**等都有人使用，其中流通性最好的是**以太幣**。

由創作者（內容製作者）販賣自己製作的NFT內容稱為一手販賣，其他人購買後再轉賣則稱為二手流通（二手販賣），而在NFT市集這2種行為皆可被接受。

換句話說，不論是藝術家、內容製作公司還是投資客，任何人都能自由買賣NFT內容的地方，就叫做NFT市集。

在轉賣的時候，通常會支付一筆權利金給創作者。這是因為只要回溯區塊鏈的資料，就能輕易找到這個NFT的原始創作者（著作權人）。在傳統的網路賣場，即便經過轉賣，也不可能支付權利金給創作者，但NFT技術可以做到這一點。

另外，NFT內容的支付方式除了加密貨幣外，也可以使用一種稱為**「NFT相關股權」**的加密貨幣。這是在區塊鏈遊戲中流通的加密貨幣，而這種加密貨幣本身也是股票上市交易（投機）的對象。

可在NFT市集進行的「交易」

在NFT市集，擁有內容著作權的個人或公司可以把內容用NFT發行。這個NFT的賣出（一手販賣）與買進完成後，使用者之間還可以進行NFT的轉賣、讓渡（二手流通）的交易。

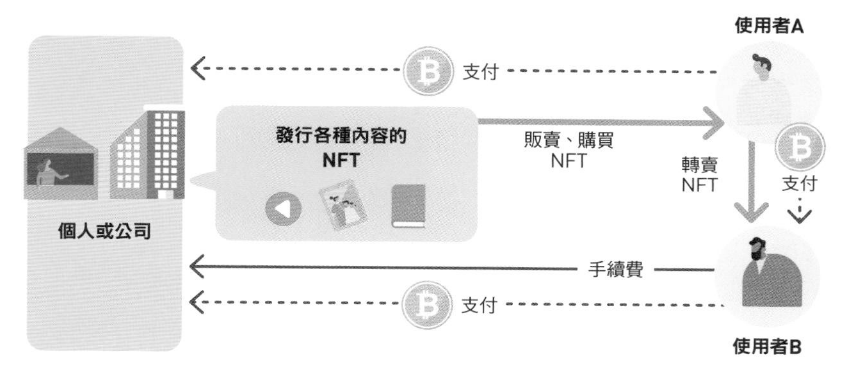

受到投資人關注的NFT相關股權

加密貨幣名稱	價格	市值排名	使用領域
MANA	¥105.92	第40名	以區塊鏈驅動的 虛擬實境平台「Decentraland」
AXS	¥1,848.98	第48名	NFT遊戲「Axie Infinity」
SAND	¥126.57	第41名	遊戲「The Sandbox」
XTZ	¥219.77	第39名	區塊鏈平台
FLOW	¥256.78	第31名	高速、分散式開發者導向 區塊鏈
ENJ	¥71.60	第74名	社群遊戲平台
CHZ	¥30.51	第43名	與各種體育俱樂部合作的平台

參考：https://www.fisco.co.jp/media/crypto/nft-ranking/　2022年9月

世界最多使用者的市集「OpenSea」

買賣NFT時優先考量的市集

若說到現在可買賣NFT的最大市集，自然非**OpenSea**莫屬。OpenSea的總部位於紐約，從2017年12月開始提供服務，2021年7月的交易金額高達3億美元。**如果想在全球市場買賣NFT的話**，不妨優先考量OpenSea的平台。

OpenSea上面有很多以拍賣形式上架的商品，只要在OpenSea註冊帳號，任何人都能參加拍賣。這個平台也提供**低價銷售和荷蘭式拍賣**（賣家以較高的價格開始叫價，然後不斷降價直到有人購買）的交易方式。

有很多知名藝術家在OpenSea將商品上架，因而使平台聲名大噪。在佳士得的網路拍賣中以約6935萬美元賣出"Everydays"而成名的Beeple，也在OpenSea推出了很多作品。

日本搞笑藝人組合「金剛」的成員西野亮廣，他在OpenSea平台上架了自己的創作繪本《其貌不揚的馬可》（暫譯，《みにくいマルコ》）其中的3張畫，一共以約400萬日圓的價格賣出。VR藝術家關口愛美的《Alternate dimension幻想絢爛》則以約1300萬日圓成交。

OpenSea除了支援以太坊公鏈外，也支援Matic、Klaytn、Tezos等多數區塊鏈上的NFT。因此吸引了許多創作者、使用者及作品。

除此之外，原始創作者**可以收取權利金和上架方式較簡單**，也是OpenSea受到創作者歡迎的原因。

OpenSea的特色①：可買賣各種類型的NFT

世界最早、最大的NFT市集。2017年在紐約成立。2021年3月完成2300萬美元的A輪融資。2021年9月推出Android和iOS的App。

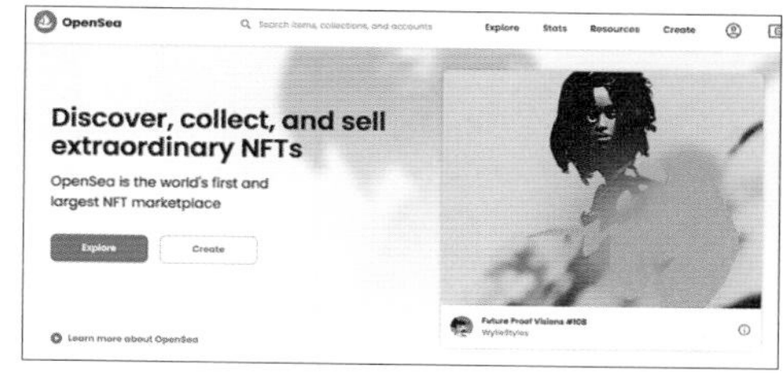

https://opensea.io

可買賣的NFT包含「藝術」、「音樂」、「照片」等，十分多樣。有來自各領域的創作者和藝術家，從作品數量之多可以感受到「NFT的活力」。擁有完備的搜尋和分類檢索功能，可以輕鬆找到想要的作品。

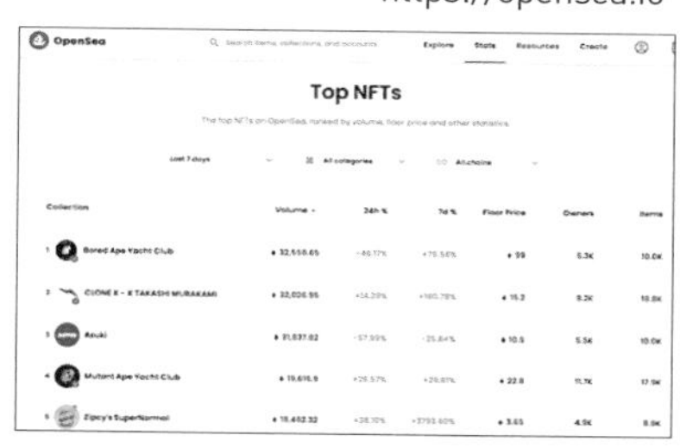

此外，排名功能也很充實，可隨時掌握「人氣作品」和「人氣作家」，以及即時價格變化資料，了解最新趨勢。

在OpenSea購買NFT

OpenSea的特色②：可選擇3種販賣方式

在平台上架NFT的時候，可以選擇以固定價格販售的「Set Price」、在設定的期間內開放競價的「Highest Bid」，或是由較高的價格慢慢地降至有人購買的「Include ending price」。

以「Highest Bid」方式上架NFT

日本第一個NFT市集「Coincheck NFT」

不用礦工費，支付管道豐富

由日本國內的加密貨幣交易業者所開設的第一個NFT交易市集是**Coincheck NFT（β版）**（以下省略「β版」）。

想要利用該市集必須先在Coincheck註冊帳戶。Coincheck是由Monex Group的全資子公司Coincheck株式會社負責經營的加密貨幣交易所。

以太坊高昂的礦工費（網路使用手續費）是NFT面臨的課題之一，但由於Coincheck NFT是在以太鏈下交易（並非所有交易都會上鏈，只有從Coincheck帳戶存入和提出加密貨幣或NFT時才會記錄在鏈上），因此**不會產生礦工費**。

外國的NFT市集大多都沒有日文介面，就算有也不是全日文，對一般日本人來說使用上不太方便，在這一點上Coincheck NFT就好用很多。

除此之外，Coincheck NFT的另一個特點是，可接受的加密貨幣種類很多。Coincheck NFT可接受比特幣、以太幣、萌奈幣、Lisk幣、瑞波幣、新經幣、萊特幣、比特幣現金、恆星幣、Qtum幣、Basic Attention Token、IOST幣、ENJ幣、OMG幣、Palette幣等**15種加密貨幣，並預定繼續增加**（2022年1月的資料）。

同時期可交易的商品包含CryptoSpells、The Sandbox、NTF交換卡片、Sorare、Meebits等等，未來同樣會持續增加。另外，Coincheck NFT與Chiliz的合作也備受期待。

Coincheck NFT（β版）的特色①：解決複雜的交易方法和難題

在Coincheck NFT上進行的交易可以不記錄在區塊鏈上（鏈下交易）。只要擁有「Coincheck」的帳戶，任何人都能發行、購買、保存NFT。不僅如此，由於Coincheck的會員之間可以不使用區塊鏈直接交易NFT和加密貨幣，因此得以免除發行和購買所產生的網路使用費（礦工費），NFT發行門檻與成本都很低。

https://nft.coincheck.com

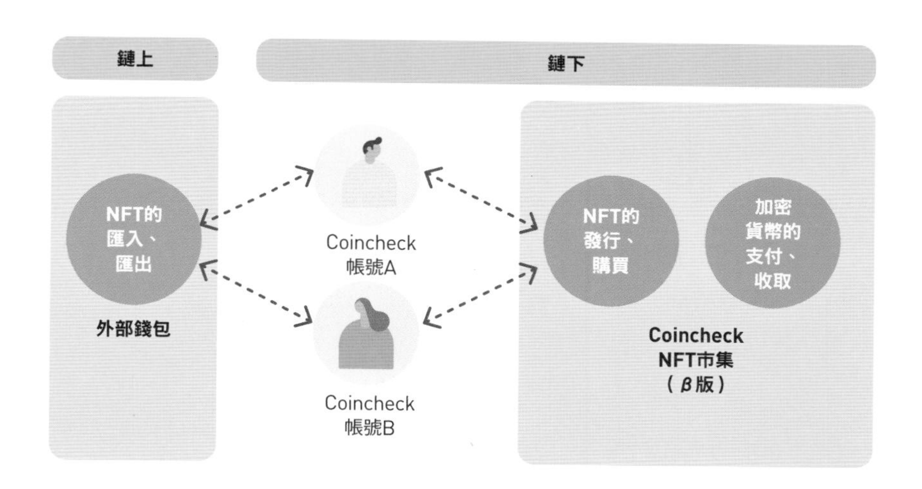

Coincheck NFT（β版）的特色②：可接受多種加密貨幣

使用「Coincheck NFT（β版）」必須在「Coincheck」註冊帳號，並進行實名認證。完成此步驟後，即可使用「Coincheck」接受的各種加密貨幣來交易NFT。未來預定將支援更多種貨幣。

可支援的加密貨幣

比特幣（BTC）／以太幣（ETH）／萌奈幣（MONA）／Lisk幣（LSK）／瑞波幣（XRP）／新經幣（XEM）／萊特幣（LTC）／比特幣現金（BCH）／恆星幣（XLM）／Qtum幣（QTUM）／Basic Attention Token（BAT）／IOST幣（IOST）／Enjin幣（ENJ）／OMG幣（OMG）／Palette幣（PLT）

持續增加的NFT市集 —— 外國

除了OpenSea以外，具代表性的外國市集

2020年被稱為「NFT元年」，全世界誕生了許多NFT市集。然而在外國，其實早在2020年之前就已經存在好幾間NFT市集。以下介紹其中特別有名的3家。

●SuperRare

2018年4月上線的藝術類市集，至2021年10月為止，已有來自全球203個國家的使用者利用該平台。

SuperRare發行了自己的治理代幣（持有者可對區塊鏈的營運規則表達意見的令牌）RARE，目標是吸取數位原住民世代的意見並進一步發展。

●Nifty Gateway

2018年11月上線，2019年被加密貨幣交易所Gemini收購。因為這次的收購，使得用美金購買NFT成為可能，此外也會舉行平台獨占的藝術家或品牌的拍賣會。

●Rarible

由俄國創業家在2019年11月成立，主要提供藝術作品買賣的平台。最初只有英文頁面，現在已提供部分的日文介面。

因UI設計出色、發行自己的治理代幣RARI，以及創作者可設定作品轉手的抽成比例等功能，快速吸引大量使用者。

日本國內的NFT市集① (2022年1月)

市集名稱	商品類型	營運公司、上線日期	特色
miime	遊戲道具	Coincheck Technologies 2019年9月	世界第一個可在NFT交易中使用日幣支付的平台／共可交易12種人氣遊戲的角色和道具
FiNANCiE	群眾募資	株式會社 FiNANCiE 2020年4月	公布日本國內的名人、企劃／在透過代幣和交換卡片形成的社群中，可以舉辦或參加持續性的企劃和活動
TOKEN LINK	遊戲道具	Theotex Group Holdings 2021年1月	在日本的NFT熱潮來臨前就上線的遊戲道具專門市集／推出自家遊戲Cross Link
Coincheck	遊戲道具、交換卡片	Coincheck 2021年3月	鏈下的NFT市集，免交易手續費（礦工費）／需要在Coincheck開設加密貨幣帳戶
nanakusa	藝術、照片、影片	SBINFT（原Smart App）2021年3月	想成為與平台合作的加密藝術家，必須提出申請並通過審查，因此上面有很多一流的創作者／可用加密貨幣或信用卡支付
NFTStudio	插畫	Crypto Games 2021年3月	插畫作品的數量為日本國內最多／須經過嚴格審查才能註冊創作者帳號，因此作品水準很高／創作者可免費發行NFT
FRGMTRZM NFT	藝術	Rhizomatiks 2021年4月	融合了藝術與科技，經手大型商業藝術企劃的Rhizomatiks公司推出的NFT市集／可買到Rhizomatiks和Perfume的NFT藝術品等
NFT-LaFan（原NFT Bankers）	實物古董收藏	Merchant Bankers株式會社 2021年4月	與株式會社KENTEN所負責經營的購物網站「KENTEN×lafan」合作營運，可找到大量電影和歷史相關的商品
NCOMIX	創作品	Lead Edge Consulting 2021年6月	可用信用卡支付／引進轉賣時創作者可抽取部分利益的權利金制度
NFT Market β	數位內容	LINE 2021年6月	由IP所有者或創作者發行的NFT商品，可以設定上架內容的交易手續費
TTX	名人NFT	株式會社 コヴァール 2021年6月	只接受名人、藝人發行之NFT商品的市集／除了發行之外，也可進行C2C交易，以及提供NFT的借貸等一站式服務

①～③參考：https://nft-media.net/marketplace/marketplace-domestic/317/

持續增加的NFT市集——日本藝術類

▶日本國內也大多是藝術類市集

前面介紹的外國NFT市集皆是藝術類市集（當然也有其他類型的市集），而在日本國內也大多屬於藝術類市集。以下介紹3家有名的藝術類NFT市集。

●nanakusa

由SBINFT經營，在2021年3月上線的NFT市集，以藝術、照片、影片為主。必須先申請成為認證藝術家，通過審查後才能發行作品，所以市集中的內容品質都很高。

可用於支付的加密貨幣為以太幣和Polygon，此外也接受主流的信用卡付款。

●ユニマ（Uniqys Marketplace）

由Mobile Factory的子公司Bit Factory經營，2021年7月上線的數位內容NFT市集。

在平台上購買NFT不需要持有加密貨幣，可以用日幣支付。另外在2021年11月推出「ユニマNFT收購（β版）」服務，可用日幣收購其他用戶持有的NFT。

●NFTStudio

由Crypto Games經營，2021年推出的NFT市集。這是日本國內插畫作品數量最多的NFT市集。由於要成為創作者必須經過嚴格的審查，因此市集中有很多品質非常高的作品。

日本國內的NFT市集② （2022年1月）

市集名稱	商品類型	營運公司、上線日期	特色
ANIFTY	動畫 漫畫	ANIFTY 2021年7月	擁有超過170名的認證繪師／NFT發行後也可以改變價格和數量（但發行者須負擔礦工費）
Digitama	藝術家、體育選手的數位內容	ZAIKO 2021年7月	日本第一個可交易個別體育俱樂部NFT的NFT市集／擁有「Blind Bid（打賞）」功能
HABET	數位交換卡片	UUUM 2021年7月	支援定價販售、抽籤販售、拍賣等3種方式／採用HABET獨家技術，發行NFT不需手續費／可用信用卡支付
The NFT Records	音樂	KLEIO 2021年7月	可將音源、藝術品、照片等多件商品組合販售／有拍賣、限期販售、預約販售等3種販售方式
ユニマ	數位內容	Mobile Factory 2021年7月	可用日幣支付／2021年11月推出「ユニマNFT收購（β版）」服務，可用日幣收購一般用戶持有的NFT
樂座	動畫 漫畫	RAKUICHI 2021年7月	合作對象為擁有中文圈最大社群網站「微博」在日本的廣告宣傳銷售權的Z控股公司
1Block Shop	數位時尚	1SEC 2021年8月	引進了超過120國家、數百萬間企業使用的支付平台，可用信用卡付款
Adam byGMO	數位內容	GMO Internet Group 2021年8月	可用信用卡支付（Visa／Mastercard／JCB／美國運通／Diners Club）或銀行匯款
.mura	音樂× 封面藝術	Studio ENTRE 2021年9月	基本上採取音源和封面藝術成套販賣的方式／購買者會被認定為該音樂家或藝術家的官方贊助者
1Block LAND	數位時尚	1SEC 2021年9月	日本最早以時尚為主題的元宇宙NFT市集／在早期階段就專注於消費者的購物體驗
FanTop	粉絲商品	Media Do 2021年10月	為保護NFT持有者的權利，採用可管理NFT擁有者資訊的Flow鏈／可以信用卡進行日幣支付

持續增加的NFT市集——日本非藝術類

▶遊戲道具和交換卡片很多，但也有智慧財產權交易所

非藝術類的日本NFT市集，大多是賣遊戲道具或交換卡片，但除此之外，也有部分專門交易品牌商品、音樂、數位時尚、智慧財產權的市集。

●HABET

由大型YouTuber事務所UUUM的集團公司FORO經營，在2021年7月上線的數位交換卡片NFT市集。完全不需負擔礦工費，也可使用信用卡支付。HABET還與日本「Yahoo!網路捐款」合作，手續費的一部分會捐出去。

●1Block Shop

1Block Shop為數位時尚NFT市集，曾發行過價值140萬日圓的虛擬球鞋（參照Part 1 007）。由1SEC公司在2021年8月推出。

除了可以信用卡支付外，也能直接用Google、LINE、Twitter等帳號登入，十分受到NFT新手歡迎。

●IP Marketplace

由LegalTech 株式會社的子公司Tokkyo.Ai經營，2021年11月上線的智慧財產權買賣用NFT市集。

可依類別瀏覽各種智慧財產，欲購買者只需在網頁上點擊洽談按鈕，就能和發行者洽談。

日本國內的NFT市集③（2022年1月）

市集名稱	商品類型	營運公司、上線日期	特色
KREATION	元宇宙時尚	Kreation 2021年10月	不需錢包就能用信用卡購買NFT商品／NFT商品成交價的2%會用於資助年輕品牌
PUI PUI 天竺鼠車車 NFT Market	PUI PUI 天竺鼠車車	兵田印刷工藝 2021年10月	電視動畫開播後在社群網路上獲得巨大人氣的「PUI PUI天竺鼠車車」的NFT，可使用信用卡購買
IP Marketplace	智慧財產權	LegalTech 2021年11月	可以發行的智慧財產包含「專利與實用新型專利」、「設計」、「商標」、「著作權」等等／可透過市集與感興趣的智財權擁有者洽談
LEAD EDGE	內容	Lead Edge Consulting 2021年11月	以「將創造性轉變為價值」為概念，任何人都能把自己的作品鑄成NFT販售
MetaMart	虛擬3D道具	Suishow 株式會社 2021年11月	全球第一個只開放交易虛擬3D道具的市集／可以將購得的3D道具，用在自己的虛擬分身上
tofuNFT	遊戲道具	株式會社 COINJINJA2 2021年11月	在Binance Smart Chain（BSC）和Polygon network上運行的分散式NFT市集
XYZA	藝術品	株式會社FRM 2021年11月	也會和未活躍於數位領域的現代藝術家合作／與區塊鏈開發者和藝術家等一起製作作品
HARTi	藝術品	株式會社 HARTi （預定）	採完全邀請制、審查制的NFT藝術品市集／所有作品在發行時皆會經過專門的策展人審查，可買到高品質的NFT
RIZIN FIGHTING COLLECTION	數位交換卡片	Theotex Group Holdings株式會社 （預定）	除了數位資料外，預定也將開放實體商品或門票等作為特典上架
Rakuten NFT	娛樂商品	樂天集團 株式會社 2022年2月	有娛樂類NFT的市集，也有IP所有者可以自己架設發行和販賣NFT的網站平台
アポロ （APOLLO）	藝術品	一般財團法人 NFT鳴門美術館 （預定）	日本第一個由專門經手藝術品的企業或團體所經營的NFT市集／採用幣安鏈管理NFT

NFT的基礎：區塊鏈

不能竄改，不會停機的資料庫

所謂的區塊鏈，就是具有以下這幾個特點的資料庫：①可檢測不公正或不合規範之行為，②不可變更、刪除、竄改（非常困難），③即使發生損壞也能自動修復，不會停機，④透過網際網路共享的分散式系統。

雖然雲端資料庫也具有上述特性，但區塊鏈與雲端資料庫最大的不同點在於，就連資料庫管理者也無法變更、刪除、竄改資料庫的內容。正因為這樣的特性，區塊鏈才會成為「虛擬貨幣（加密貨幣）」的基礎設施。

區塊鏈技術的提出者是一位化名中本聰的神祕人物。這個概念在2008年被提出，然後在2009年，第一個以區塊鏈作為底層技術的加密貨幣比特幣開始了第一筆交易。

區塊鏈建立在以下4個技術之上：

① P2P（Peer to Peer）點對點傳輸

也就是多台電腦進行一對一直接連線的傳輸方式。

②哈希函數

一種為了防止竄改而發明的加密技術。

③電子簽名

證明數位文件製作者的印記。可防止冒名或竄改的行為。

④共識演算法

使不特定多數人之間達成共識的機制。

什麼是區塊鏈？

不存在特定管理者，透過網路分散管理資訊的資料庫。記錄在區塊鏈上的資訊不會消失，任何人都能夠輕易檢驗，所以很難複製或是竄改（實際上不可行）。

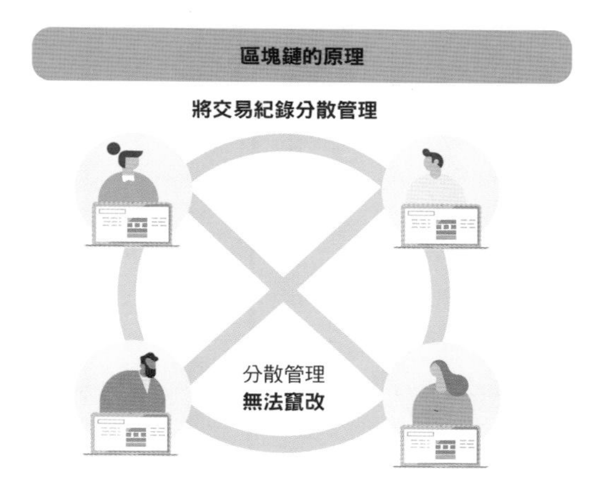

區塊鏈的原理

將一串交易紀錄打包成一個區塊（block）封存，然後按時間序列，一個區塊接著一個區塊串連在一起。此時，前一個區塊（n）的相關資訊會被打包進下一個區塊（n＋1）中。而這個「帳簿」會被複製成許多份，並分散到多個網路節點上進行保存。假如要竄改某個區塊的資料，就必須把後面的所有區塊，以及其他所有分散的副本也通通改過，否則就會出現不一致而被否決。

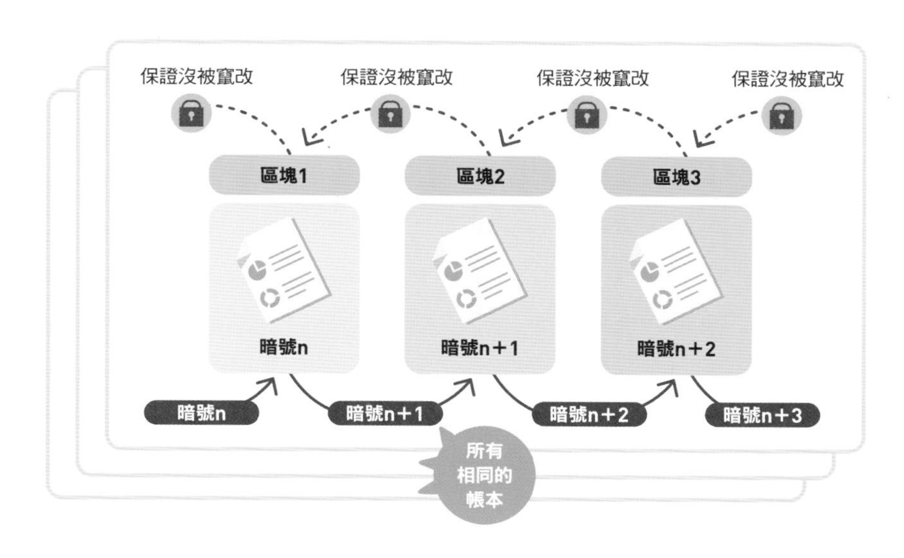

容易與區塊鏈混淆的DLT是什麼？

區塊鏈是DLT（分散式帳本技術）的一種

現在時不時會看到「區塊鏈又叫做DLT」的說法。雖然並非完全錯誤，但更精確地說，**「區塊鏈是一種DLT」**。

DLT是「De-centralized Ledger Technology」的縮寫，直譯就是**「去中心化帳本技術」**。換句話說，這是一種沒有特定管理者，由所有使用該帳本的人互相監督，共同管理帳本的技術。

DLT的相反詞就是中心化的帳本技術，例如銀行存款的資料庫。銀行存款的紀錄由銀行管理，而我們要使用就必須信任銀行。

DLT的主要優點是作弊和竄改很困難，以及較不容易發生系統停機。而區塊鏈屬於DLT的一種，自然也具備這些優點。

區塊鏈是DLT的一種，也就代表除了區塊鏈之外，還存在其他DLT技術。例如IOTA這種加密貨幣就不使用區塊鏈，而是用一種叫做DAG（Directed acyclic graph，有向無環圖）的技術來實現DLT。

在各種DLT中，區塊鏈的特色是資料結構以區塊組成，而且每個區塊都按照時間順序排列，並存在代幣，這是它的三大前提。而其他DLT就不一定要有這樣的前提。

區塊鏈技術與DLT（分散式帳本技術）的關係

「分散式帳本技術」是所有實現分散式帳本（資料庫）的技術統稱。DLT可使用網路上多個節點（伺服器或PC）來保存同一個帳本。當其中一個帳本更新的時候，其他節點的帳本也會同步跟著更新。而區塊鏈屬於分散式帳本技術的一種。

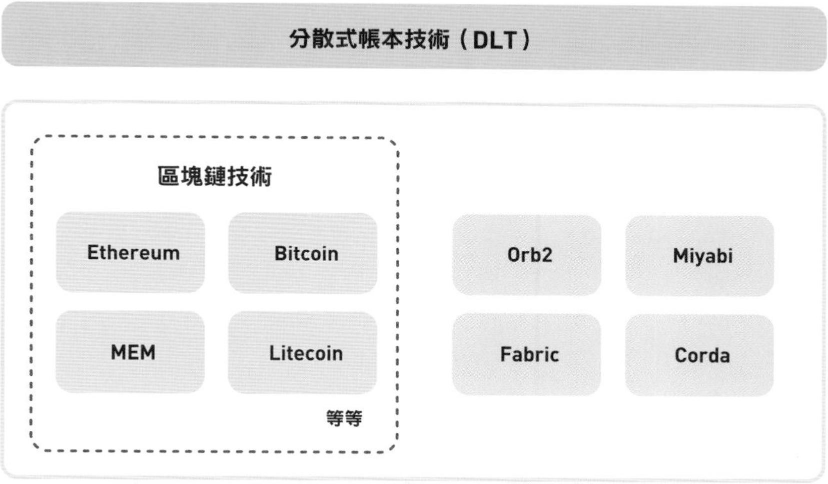

分散式帳本技術（DLT）

區塊鏈技術

Ethereum
Bitcoin
MEM
Litecoin
等等

Orb2
Miyabi
Fabric
Corda

參考：杉井靖典著《最容易懂的區塊鏈教本 人氣講師教你比特幣的運作原理》（暫譯，Impress）

NFT所使用的區塊鏈技術「以太坊」

「以太坊」是一種和「比特幣」同樣使用了區塊鏈技術的加密貨幣，同時也是這個平台（區塊鏈）的名稱。以太坊擁有可自動執行契約的功能「智能合約」（參照Sec.026）。此外，以太坊打包資料出塊的速度也比「比特幣」快了幾十倍，更適合需要取得交易認證的服務。

	比特幣	以太坊
出塊時間	每10分鐘	約每15秒
貨幣單位	0.00000001BTC	0.000000000000000001ether

區塊鏈有哪些種類？

公有鏈、私有鏈、聯盟鏈

區塊鏈是一種不存在特定管理者的去中心化資料庫。不過在商業應用中出現了一種區塊鏈，雖然援用了去中心技術卻存在管理者，而且只限定少數人使用。換句話說，就是只擷取DLT不可作弊、不可竄改且不會停機的優點。

目前依照交易內容的公開範圍與有無管理者，共有3種不同的區塊鏈。

①公有鏈

只要是能連上網際網路的人，任何人都能參與的區塊鏈。公有鏈不存在管理者。比特幣和以太坊、萊特幣等許多「虛擬貨幣」都是公有鏈。因為使用者眾多，要達成共識需要消耗龐大的計算資源，所以也需要使用大量電力。

②私有鏈

存在特定管理者（營運者），只有少數人可以使用的區塊鏈。特點是能確保隱私性，被用於某些金融機構的系統。

③聯盟鏈

存在複數管理主體的區塊鏈。適合用於供應鏈管理等需要多間企業合作執行的業務。

各區塊鏈的主要特徵

NFT在上述3種鏈上都能運作。「以太坊」和「比特幣」的透明性高，屬於可保證公共性和真實性的公有鏈。

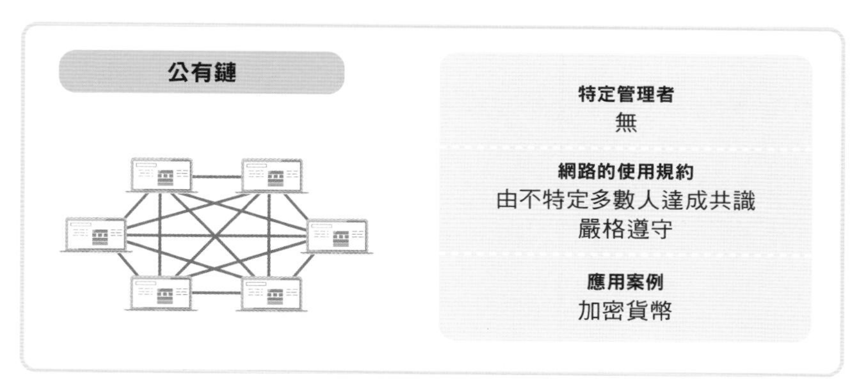

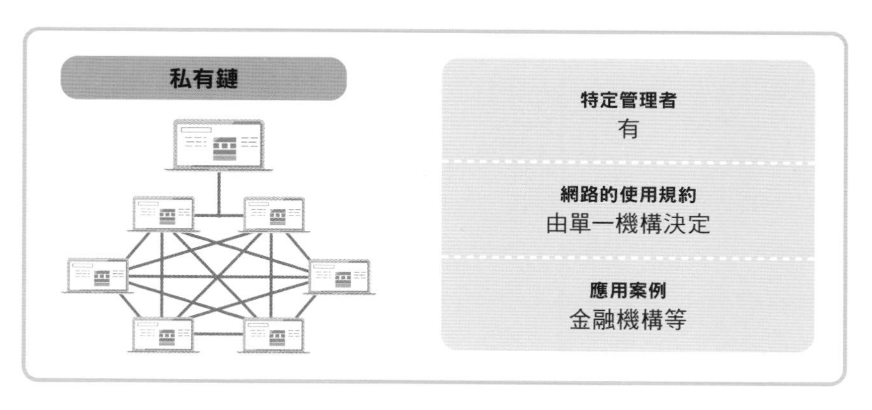

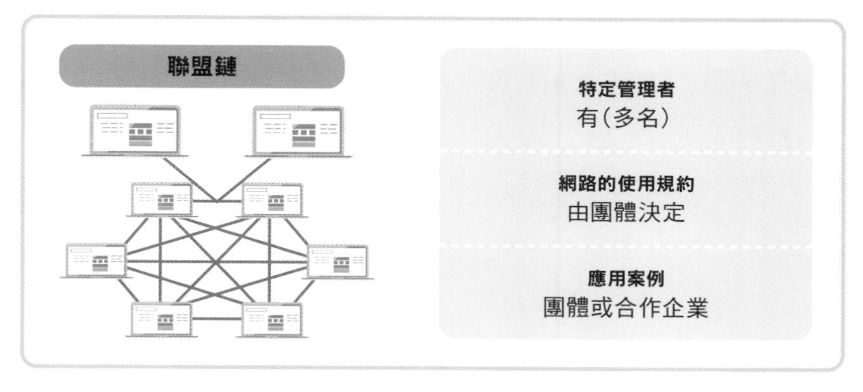

可在網路發行固定ID的代幣和識別記號

NFT靠代幣ID確保唯一性

在Part 1中，我們介紹過NFT的資料結構是由**索引資料、詮釋資料、物件資料**這3層所組成。在Part 2中，我們說明過代幣（token）這個詞的含義是「某種印記」，而目前絕大多數的NFT使用的是ERC-721這個代幣規格。本節我們再稍微深入且具體地說明其中的原理。

要鑄造NFT，首先需要有物件資料（內容）。而NFT的名稱、說明文字，以及物件資料存放在哪裡等資訊，則會寫在詮釋資料中。至於**內容的ID（代幣ID）**、持有者的地址，以及詮釋資料存放在哪裡等資訊，則會寫在索引資料中。

NFT與加密貨幣等同質化代幣（Fungible Token）最大的不同，就是擁有代幣ID。因為ID可以確保唯一性。另一方面，**加密貨幣的區塊鏈資料不記錄ID，而是記錄代幣的數量**。

ERC-721的代幣發行步驟如下。

①定義代幣名稱和最小單位

②定義代幣的資訊結構

③定義代幣的保存位置

④發行代幣（用俗稱mint函數的函數來發行）

此外，物件檔案大多都會保存在名為IPFS（Interplanetary File System）的防竄改檔案系統上。

用代幣ID證明NFT是「獨一無二」的

索引資料中會記錄代幣地址，以及NFT所有者的（錢包）地址。然後再貼上指向詮釋資料的連結，以此檢索NFT的資訊和資料。NFT只有索引資料會記錄在區塊鏈上，其他所有資料都在鏈下儲存，藉此降低「以太坊」的手續費（礦工費）。

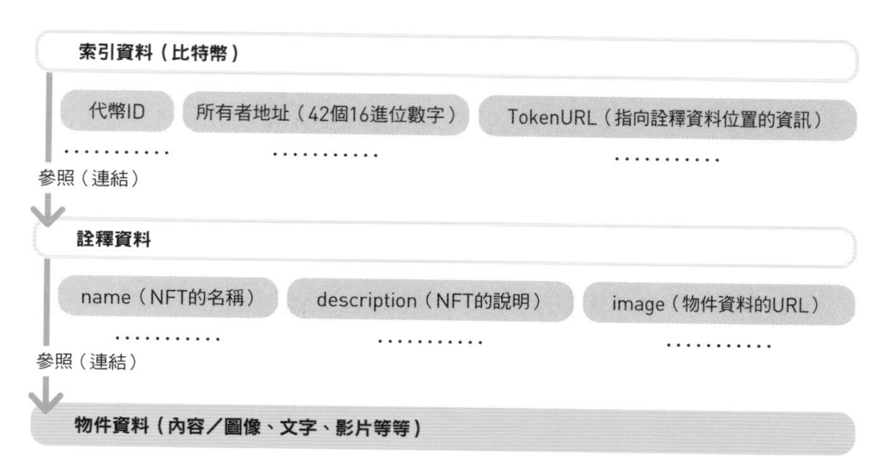

傳統資料儲存與IPFS的不同

IPFS會把內容檔案分割成多個最大256KB的物件，並讓彼此互相連結。此系統可確保每個檔案內容保持不變，預防竄改。

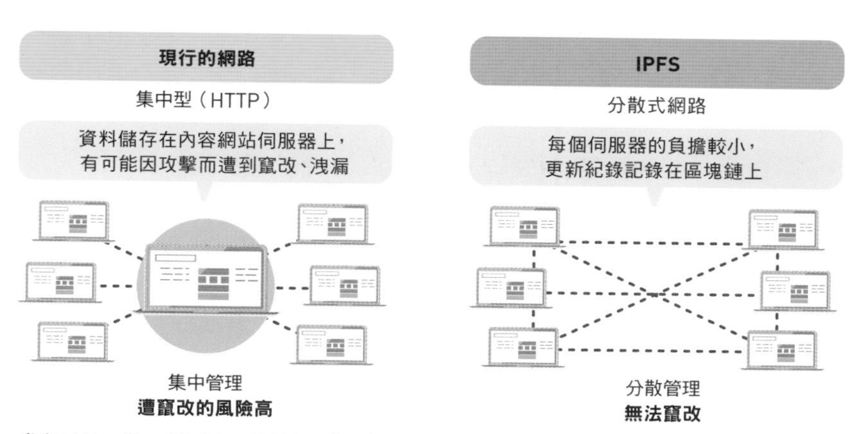

參考：https://ascii.jp/elem/000/003/225/3225723/img.html

NFT的關鍵技術：智能合約

智能合約和區塊鏈的共同概念：DAO

智能合約是一種**使契約自動化執行的協定**，這個概念是由法學家兼密碼學家尼克・薩博（Nick Szabo）所提出，並由程式設計師維塔利克・布特林（Vitalik Buterin）在以太坊的基礎上開發並提供給大眾使用。

薩博將智能合約的原理比喻為自動販賣機。只要投入指定金額的錢幣，再用按鈕選擇要購買的商品，自動販賣機就會自動執行買賣契約。這雖然是個非常簡單的比喻，但清楚地表達了**智能合約的機制，也就是可事先定義契約，輸入執行條件，然後當條件滿足時便會自動進行結算**。

NFT的智能合約是建立在**DAO**（Decentralized Autonomous Organization，分散式自治組織）這個概念上。這是一種**沒有集權化管理者的網路型組織**，每個自律的網路參加者可以自由地參與，但組織整體的決策和執行仍可自動達成。

區塊鏈（公有鏈）也可說是實現DAO概念的一種技術，與智能合約頗能相容。智能合約選擇在以太坊上運作並非偶然。

除此之外，智能合約的名稱也會因基礎設施而異。例如在HLF（Hyperledger Fabric）叫做Chaincode。

用自動販賣機的功能來比喻「智能合約」

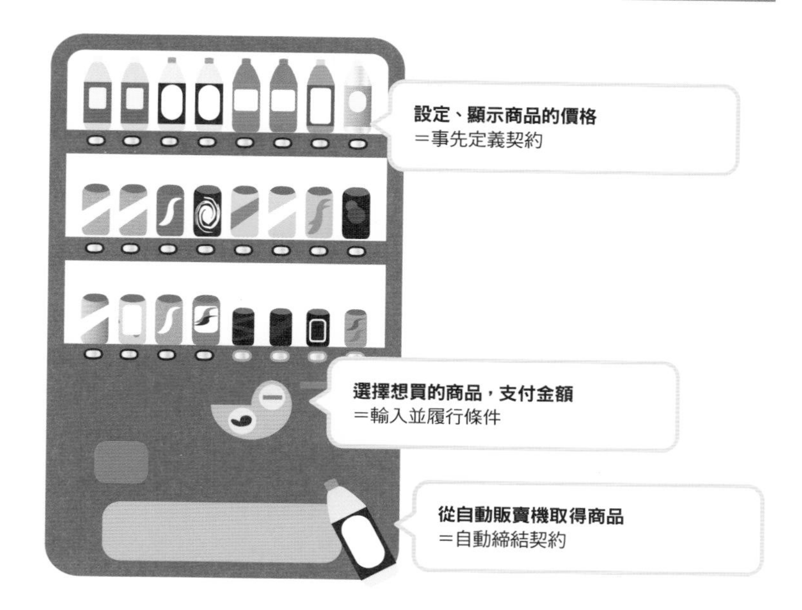

「智能合約」的原理

要實現智能合約，必須先將契約內容程式化。由於「以太坊」具有這項功能，因此「智能合約」可以在以太坊上運作。

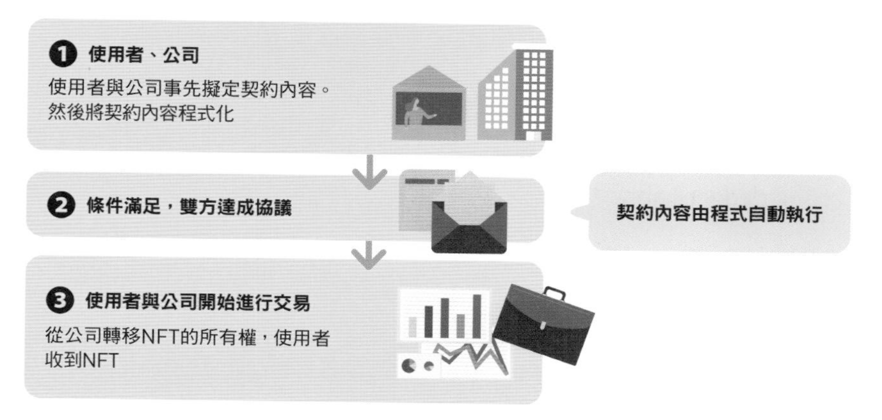

Column

NFT發行者可選擇的各種NFT平台

前面已經提到過很多次，NFT最具代表性的底層鏈是以太坊。不過最近除了以太坊之外，也有NFT開始使用其他區塊鏈。換句話說，隨著NFT可選擇的底層鏈增加，對於NFT發行者來說，便利性也逐漸提升。

現在除了以太坊外，最多NFT採用的區塊鏈有以下4種。

① FLOW Blockchain

由開發CryptoKitties和NBA Top Shot的知名開發商Dapper Labs所研發的區塊鏈。把重點放在處理用於遊戲或是App的數位資產，處理速度可以很快。

② Polygon（Matic）

Polygon是為了解決以太坊的可擴展性問題（因為寫入量增加而導致的延遲問題），而開發的第二層解決方案（俗稱為Layer2）之一。

③ Near Protocol

使用稱為「分片」的技術分散資料庫的負擔，實現可高速運算和低廉礦工費的區塊鏈。

④ Polkadot

以跨鏈為目的而成立的項目，Polkadot也宣布將開發NFT專用的區塊鏈。外界期待此項目能不受特定區塊鏈限制，實現跨鏈流通的NFT。

THE BEGINNER'S GUIDE TO NFT

Part 3

日本企業也陸續加入！

NFT商業應用案例

用NFT邁向內容流通革命的「Adam byGMO」

支援多種類支付和多國語言的娛樂類NFT市集

GMO Internet Group的GMO Adam在2021年8月31日上線，提供了自家的NFT市集Adam byGMO的β版。

該公司在新聞稿中聲稱推出此服務的目的在於「協助應用NFT技術的內容流通革命，實現具有高度真實性和安全性的數位內容的支付和流通，創造可發行、購買NFT的平台」。

同年12月英文版上線，成了更正式的版本。英文版可用信用卡和以太幣支付，日文版則增加了日幣的銀行匯款。但因為支付方式是由發行者從中指定，所以還是先安裝MetaMask等錢包會更好。未來預計將再增加中文（簡體）版網站。

每次購買作品時，**創作者都可抽取權利金**，所以**粉絲購買作品也等於在支持創作者**。

平台上除了藝術品、漫畫、插畫、體育周邊等一般娛樂內容外，還能找到YouTuber的NFT內容，算是一大特色。例如目前訂閱人數約485萬的日本YouTuberヒカル的影片內容和藝術作品，從一開始便發行NFT，遂引起不少話題。另外該頻道還有提供**只有NFT持有者才能收看的限定內容**。

Adam byGMO的特色　簡單且多元的支付方式

即使用不慣加密貨幣也可以輕鬆購買NFT內容。

在轉賣的同時也可支持創作者。作品每次被購買時，NFT內容的原創作者都可抽取權利金。

2021年12月英文版上線。英語使用者在購買和上架NFT時更容易，擴大平台使用範圍。

開始也很簡單。4步驟免費註冊會員

❶「新規登錄」→「登錄畫面」

在「Adam byGMO」的首頁選單點擊「新規登錄」。然後填寫個人使用的電子郵件信箱。

❷ 填寫使用者資料

開啟收到的電子郵件後，點開連結網址，進入使用者資料設定頁面，設定使用者ID和密碼。

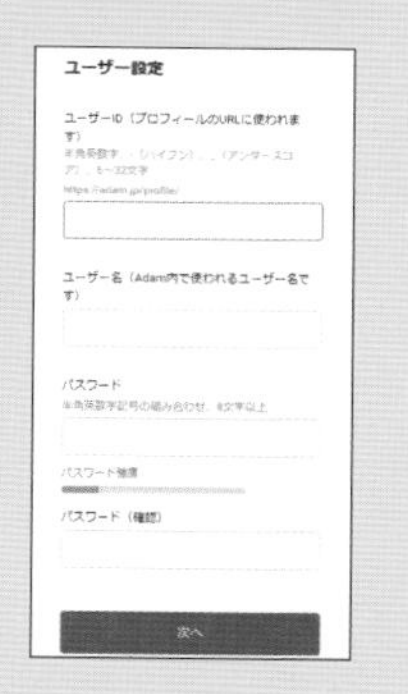

❸ 進行電話號碼認證

填寫手機號碼，然後輸入以簡訊傳送至手機的驗證碼。

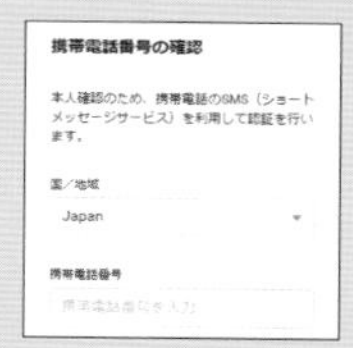

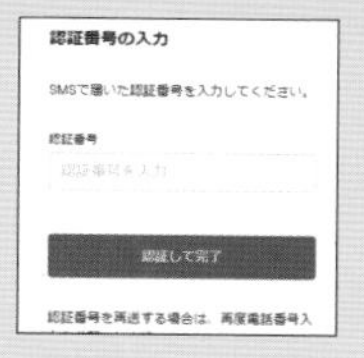

❹ 填寫生日和同意使用規範

註冊完畢後回到首頁，也可從選單輸入其他帳戶資料。

※第一手發行須透過官方認證的代理商（此為日文版註冊流程）

由LINE經營的加密貨幣交易所「BITMAX」和「LINE NFT」

若是LINE的使用者，便能直接在LINE的經濟圈中交易NFT

LINE在2018年成立LINE Blockchain Lab後，便開始投入各式各樣的區塊鏈事業，並自2020年8月開始致力於NFT事業。之後在2021年6月，NFT Market β上線（由子公司LVC營運），正式開始NFT市集事業（參照Part 1）。該市集的支付方式只支援LINE自己發行的加密貨幣LINK，所以不用支付礦工費。另外NFT Marketplace β在2022年4月改名為「LINE NFT」，支付方式也增加了日幣支付。

LINE NFT的基礎是加密貨幣交易所**BITMAX**（由LVC營運），以及支付工具**LINE BITMAX Wallet**。BITMAX是在2018年1月開設的加密貨幣交易所，可交易比特幣、以太幣、瑞波幣、比特幣現金、萊特幣、LINK幣這6種加密貨幣。該平台可和LINE Pay連結，好處是匯款手續費低，不需要年齡驗證，還可累積LINE point。

LINE NFT最大的賣點應該是**可直接接觸到全日本8400萬活躍用戶（2020年3月統計）**。無論LINE BITMAX還是LINE BITXMAX Wallet都是LINE內建的服務之一，可以直接使用。只要是LINE的使用者，不需要額外安裝任何App也能即刻買賣NFT，這點很吸引人。

「LINE NFT」的原理

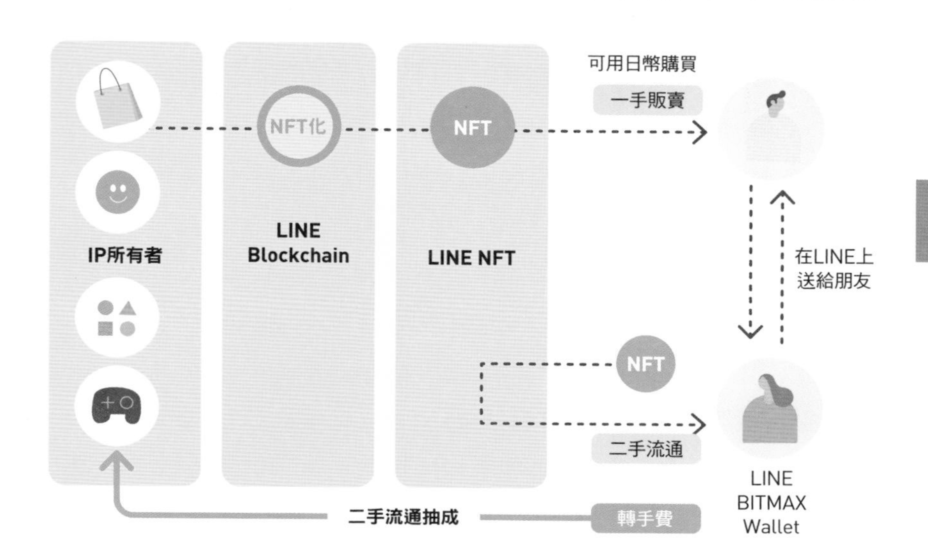

一手販賣

「Line Blockchain」平台提供一站式服務，IP所有者可對「Line Blockchain」上發行的NFT內容進行一手販賣和二手轉賣。使用者可在該平台搜尋IP所有者發行的NFT，並用日幣購買。

二手流通

IP所有者在轉賣的時候可以設定轉手費，利用抽成的方式獲利。使用者可互相交易保存在「LINE BITMAX Wallet」中的NFT，透過轉賣來贊助自己喜歡的內容。

參考：https://prtimes.jp/main/html/rd/p/000003509.000001594.html

「LINE BITMAX」和「LINE BITMAX Wallet」的使用方法

因為是LINE內建的服務之一，不需要額外安裝其他App。只要打開LINE，選擇新增服務，完成設定後即可使用。支付時預先綁定LINE Pay，不僅方便還能獲得贈品。

註：本節介紹之所有相關服務僅限日本地區使用，未於其他地區推出。

以NFT民主化為目標的「Rakuten NFT」

▶提供NFT新手能輕易上手的服務

2021年8月，樂天集團宣布將從2022年春天開始，推出提供體育、音樂、動畫等娛樂內容的**NFT市集事業「Rakuten NFT」**。隨後在2022年1月19日，該集團公告此服務將在2月25日正式上線，同時宣布圓谷製作公司製作的動畫《ULTRAMAN（超人力霸王）》的CG NFT將同步在平台上市。

樂天在2016年8月成立了樂天區塊鏈實驗室，推動區塊鏈技術的研究。2019年8月，該集團在日本市場推出樂天錢包，提供加密貨幣的現貨交易服務。而進軍NFT事業也是此戰略的一環。

樂天集團NFT事業部的總經理梅本悅郎曾經指出，雖然任何人都能加入NFT，但目前NFT對一般大眾的門檻卻很高，因此Rakuten NFT的主打特色是「對身為NFT新手的內容粉絲和蒐集者而言簡單易懂且易用」，志在實現**「NFT的民主化」**。

- **可用綁定樂天帳戶的信用卡支付**
- **不用加密貨幣，使用法幣交易**
- **交易可累積或使用樂天點數**
- **從超過70種的樂天服務，可以和各式各樣的事業連動**

無論是LINE還是樂天，其戰略都是主打**即使是科技小白也能從現有的平台輕鬆買賣NFT**，從發展初期就開始將客戶網羅進來。

「Rakuten NFT」的特色

「Rakuten NFT」建構在樂天的「私有鏈」上。結帳使用日幣支付，只限擁有樂天帳號的使用者使用。可在「限定的網路」上買賣NFT。買賣不需要支付手續費。

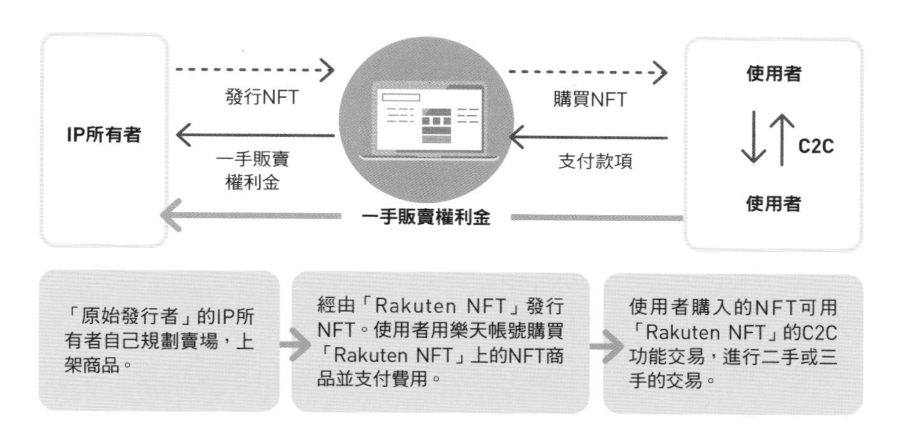

「Rakuten NFT」的事業規劃

「Rakuten NFT」預定2022年第二季上線。首年度將以日本境內為主。之後預定擴大至外國市場。

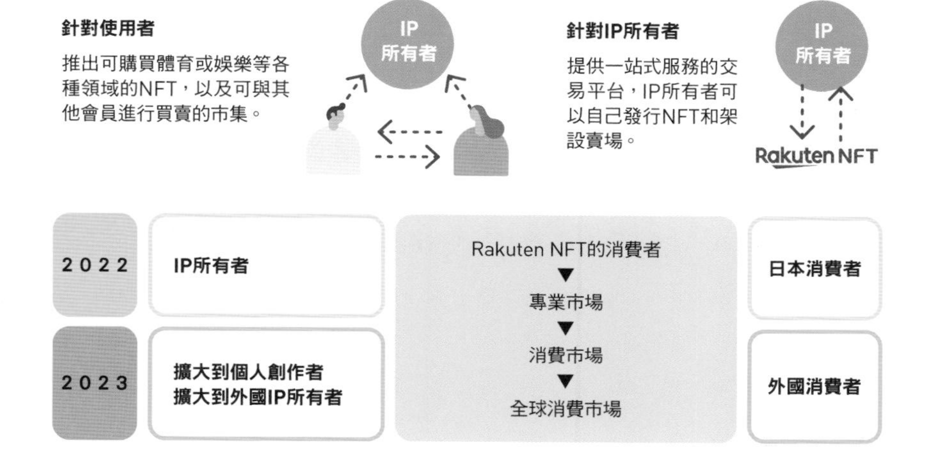

減少偽造風險
合作開發「NFT印鑑」

將聯盟鏈應用在電子印鑑

2021年8月，旗牌公司宣布將和Centaurus Work公司、早稻田Legal Commons法律事務所共同開發區塊鏈電子印鑑系統「NFT印鑑」。

NFT印鑑將使用由26間內容相關企業（2022年1月）組成的JCBI（Japan Contents Blockchain Initiative）負責營運、管理，亦即利用聯盟鏈（參照Part 2）來加以管理。

未來3家公司將提供可用於各種電子契約系統的API（Application Programming Interface，應用程式介面，一種可叫出應用程式功能的接口），讓使用不同電子契約系統的企業之間，也可以使用共通的電子印鑑。

這項服務有三大特點。

第一，**藉由NFT可以完成使用者本人的識別和證明**，可說是日本第一個NFT電子印鑑。雖然電子印鑑系統本身不是什麼新東西，但大多數都只能在營運商自家的服務中使用。而有了NFT，各種不同的服務就有可能使用同一個電子印鑑。

第二，**它應用了聯盟鏈技術**。這既可以防止竄改也可以加快處理速度。

第三，**不須變更既有的認證流程和文件規格**。這可以說是電子印鑑本身的優點。

記錄在區塊鏈上的NFT印鑑

蓋有NFT印鑑的電子文書中，印有印鑑持有人以及NFT化的壓印資訊。點擊NFT印鑑的壓印，就會顯示蓋章時間和NFT資訊（代幣名稱、代幣ID、所有者）。壓印紀錄會記錄在區塊鏈上，確實留下「何時、何人、蓋了什麼章」等證據。

圖片來源：旗牌公司新聞稿

服務特色

「SKE48交換卡片」為粉絲提供新價值

可在CryptoSpells中使用的SKE48交換卡片

2021年11月，由HashPort的子公司負責經營的NFT專門事業HashPalette宣布將跟coinbook進行業務合作。HashPort是區塊鏈的解決方案提供者，是一間提供發行加密貨幣相關服務和諮詢服務的公司；而coinbook則是一間利用區塊鏈技術發行數位IP和致力於流通市場營運的公司。

這次雙方業務合作的具體內容是將coinbook經營的NFTex轉移到HashPalette所開發的區塊鏈Palette上。HashPalette宣布今後除了將協助NFTex的開發工作，還會與該公司共同將以音樂、動畫領域為中心的日本娛樂內容NFT化。

而這次合作的第一波企劃就是在由coinbook推出的**智慧手機App「NFT交換卡」**上，免費發放原本就跟coinbook有合作的偶像團體SKE48的未公開NFT交換卡。

根據coinbook官方網站上的說明，「NFT交換卡」是**「可即時變更成NFT的數位交換卡片，NFT資料以及內含可叫出之圖片、聲音、動畫等的數位內容，和可即時轉成NFT的資料總稱」**。因此跟既有的交換卡具有相同價值，也能當成遊戲道具使用。

例如CryptoSpells中便可使用SEK48的卡片，讓SKE48的粉絲可享受到過去前所未有的全新體驗。

NFT交換卡的原理

「藝人名稱」、「公演名稱」、「發行張數」、「購買者」等資料會記錄在區塊鏈上。「購買者資料」中不包含姓名等可辨識個人身分的資訊。

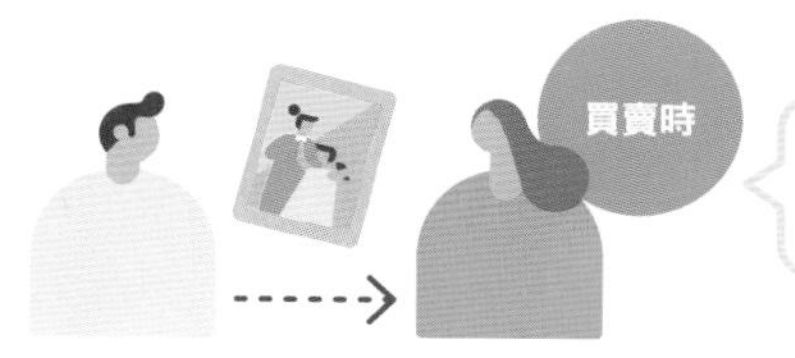

使用者之間互相買賣時，新的「購買者」資訊會被記錄在區塊鏈上。

所有人都能瀏覽、確認網路上所有的交易紀錄，因此可保證NFT交換卡資料的真實性和稀少性。

NFT交換卡的優點

傳統的交換卡片	NFT交換卡
用途有限 用途被限制於「在特定的遊戲中使用」或「蒐集」等。	**可用於其他服務** 技術上可以帶到其他遊戲中。喜歡的卡片可以一直用下去。
卡片會變成垃圾 一旦該遊戲或藝人退流行，卡片就失去意義。	**可變成資產** 很多卡片是免費發放的。發行數量有限且獨一無二，可以帶來很大的滿足感，未來也可能升值，變成一種「資產」。
難以確定價值 市場價值是變動的。卡片本身的真偽也需要鑑定。	**價值會變高** 市場對全世界開放之後，使用者之間的二手市場也會變得活絡。可期待以後價值會上升。

提供電子書商業使用權的雜誌《SAUNALAND》等的出版應用

只發行一本的雜誌在拍賣會上以約276萬日圓賣出

2021年4月，經營應用區塊鏈技術的群眾募資平台「FiNANCiE」和NFT事業的FiNANCiE公司宣布，預計將箕輪厚介的三溫暖專門雜誌《SAUNALAND（三溫暖樂園）》的電子書以NFT發行，並在拍賣會上拍賣。

箕輪厚介自2018年起擔任由CAMPFIRE和幻冬舍合資的株式會社EXODUS的董事。《三溫暖樂園》從2020年10月於CAMPFIRE上展開群眾募資，最終募得10,791,640日圓，由箕輪厚介負責編輯和發行。

而在拍賣會上販售的商品是，**《三溫暖樂園》限量一本的NFT電子書，除了個人使用外，還附帶可出版、販賣電子書的商業使用權**。拍賣會在OpenSea上舉行。拍賣於2021年4月26日上午10點開始，晚間11點結束，成交價格為6.3814ETH（以太幣），在當時的市場價格約為2,761,935日圓。

該公司還跟粉絲周邊的NFT市集Fantop的營運商Media Do合作，開發了附贈NFT數位特典的出版物。**只要輸入附在出版物上的16位交換碼，就會自動發行NFT贈品。**

目前正處於不景氣的日本出版業，也開始結合NFT創造各式各樣的新產品。也許未來能在出版業界內創造出全新的巨大商機。

領取出版物附贈的NFT數位特典的方法

掃描出版物所附的QR Code卡片，就會自動連結到「Media Do NFT市集」的會員註冊頁面。註冊會員後輸入16位的禮物交換碼（NFT交換碼），NFT數位贈品就會儲存到會員帳戶中。

「資料擁有型電子書」的可能性

	電子書	資料擁有型電子書	紙本書籍
擁有書籍和資料	×	○	○
終止服務後的閱覽權	×	○	○
書籍買賣（二手流通）	×	○	○
個別的附加價值	×	○	○
線上閱覽	○	△	×

販賣非廣告權利的「Forbes」會員權系統

用可轉賣的NFT會員權前往無廣告頁面

很多免費手機App都會彈出廣告，必須成為付費會員才能消除廣告。用這種方法增加付費會員的手法，在訂閱制服務中十分普遍，但是長久以來卻沒有人想到要**販賣不顯示廣告的權利**。而第一個這麼做的，就是美國經濟雜誌《Forbes（富比士）》。該雜誌在2019年12月推出這項服務。

這項服務是由區塊鏈公司Unlock與Forbes共同開發，只要點擊Forbes的「Crypto & Blockchain」頁面的文章即可從自己的錢包支付。可使用的錢包有MetaMask、Coinbase Wallet，或是附帶錢包功能的瀏覽器，例如Brave和Opera。

具體的購入物是會員權代幣，而無廣告頁面必須要有會員權代幣才進得去。

此商品的價格為一週0.0052ETH（當時約23日圓），一個月0.0208ETH（約293日圓），除此之外還要網路手續費。**會員過期之後，智能合約會自動讓權利失效**。假如中途想解約的話，可以拿到OpenSea上轉賣，也可以將權利轉移給他人。

現在用NFT販賣會員權利的服務正在增加。在日本，由Sunshare營運的Buynet正受到關注。Buynet在2021年6月推出β版，它的第一波商品是**可半永久使用法拉利的NFT會員權利**。

將《Forbes》雜誌的會員權利NFT化

要關閉《Forbes》網站的廣告，必須購買「解鎖無廣告體驗密鑰」。要購買該鑰匙必須使用「MetaMask」、「Coinbase Wallet」、「Opera」等錢包支付加密貨幣。

❶ 點擊由區塊鏈公司Unlock和「富比士」所共同開發推出的「forbes.com」網站內的「Crypto & Blockchain」頁面上刊載的報導文章。

❷ 點擊「Unlock an ads free experience（解鎖無廣告體驗）」的按鈕後，即可購買鑰匙。

❸ 用自己事先準備好的錢包完成支付後，在密鑰的有效期限內，即使資料還未上鏈，網站「forbes.com」上的所有內容都不會顯示廣告。

❹ 在資料上鏈後，使用者就會收到代表會員權利的NFT代幣。這個NFT代幣就和其他NFT一樣，可以在「OpenSea」等市集轉賣。一旦會員權利過期，在「智能合約」的機制之下，NFT就會自動失效。

https://www.forbes.com

「法拉利使用權」的NFT會員權利

此會員權利的使用條件是「每個月10小時或是里程數30km以內」。超過此上限將收取以下的額外費用。

- 1小時：2000日圓（含稅價2200日圓）
- 1km：1000日圓（含稅價1100日圓）

另外，於深夜、凌晨（22：00～8：00）時段租借和歸還時，必須額外支付3000日圓（含稅價3300日圓）的深夜凌晨使用費。

https://buynet.io

在虛擬空間內把球鞋NFT化
帶給顧客全新體驗的「NIKE」

▶ 體育用品製造商收購NFT工作室

前面介紹過1SEC的NFT虛擬球鞋，而現在全球第一的運動鞋大廠NIKE也已經進入這個市場。

NIKE在2021年12月13日（當地時間）發布的新聞稿中宣布，將收購發行虛擬球鞋等商品的NFT工作室RTFKT。該公司並未公開收購價格。

NIKE的總裁兼執行長約翰・杜納霍（John Donahoe）表示，「本次收購的目的是為了加速NIKE的數位化轉型，使我們能夠在體育、創意、電玩和文化等領域的交會處，為運動員以及創作者提供服務」。

RTFKT是一個成立於2020年1月，**NFT化元宇宙（計算機網路中的三次元虛擬空間）時尚的代表性品牌**。由不到20歲的數位藝術家FEWOCiOUS製作的虛擬球鞋不到7分鐘就銷售一空，總額達到310萬美元，一度成為話題。

同時NIKE也在2019年11月於遊戲平台Roblox架設了虛擬3D樂園「NIKELAND」，進軍元宇宙市場。此外NIKE還取得**在以太坊網路上將球鞋所有權NFT化的專利**。

雖然是收購，但NIKE表示其目的是為了使RTFKT這個品牌成長。相信今後廠商和NFT品牌之間存在資本關係的合作將愈來愈多。

NIKE的虛擬商店在元宇宙登場

2021年11月，NIKE在遊戲平台「Roblox」中架設了虛擬3D樂園「NIKELAND」。目的是為了讓NIKE的粉絲可以在元宇宙中交流，分享體驗。

https://nike.jp/nikebiz/news/2021/11/22/4956/

什麼是「RTFKT」？

2020年1月開始活動的設計團體。專門製作、販賣可在元宇宙中使用的虛擬球鞋、服裝、分身等NFT商品。創始人是Benoit Pagotto、Steven Vasilev與Chris Le這3位認識了長達15年的好友。

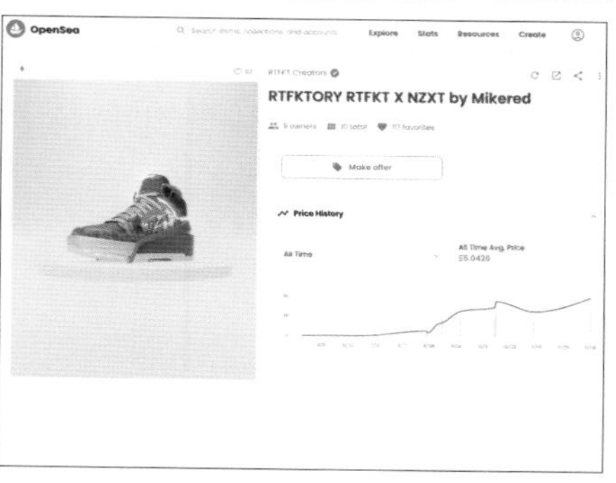

「RTFKT」在「OpenSea」平台的商店頁面。發行22天後價格已來到6萬美元。
https://opensea.io/assets/0x9930929903f9c6c83d9e7c70d058d03c376a8337/10

使電子契約變得更安全且有效率的「OpenLaw」

由系統開發者建構簡單安全的電子契約系統

OpenLaw是一種應用了區塊鏈技術（智能合約），**用於生成和履行法律契約的通訊協定（protocol）**。所謂的通訊協定指的是網路上各種設備傳輸資料時共同遵守的規定，遵守通訊協定可以讓獨立的開發者開發出來的系統用相同的語言溝通。

網路電子契約雖然在一定程度上提高了作業效率，卻也常被批評有資訊外洩或遭到竄改等安全方面的問題。**而使用OpenLaw，就能在兼顧作業效率的前提下簽署安全的電子契約。**

OpenLaw提供下列5項功能。

①First Draft

具可擴充性的法律契約元件及操作用的標記式語言，可生成迅速達成法律同意的畫面。

②Relayer

啟動（可重複啟動）智能合約。

③Sign & Store

執行、保護電子簽名。

④Token Forge & Smart Contract Components

自動生成基於法律契約的NFT。

⑤Forms & Flows

完成複雜的工作流程（work flow）。

用NFT解決「契約」問題

活用具有「智能合約（電子契約）」功能的「NFT」，將為既有和未來的商務帶來巨大的影響。

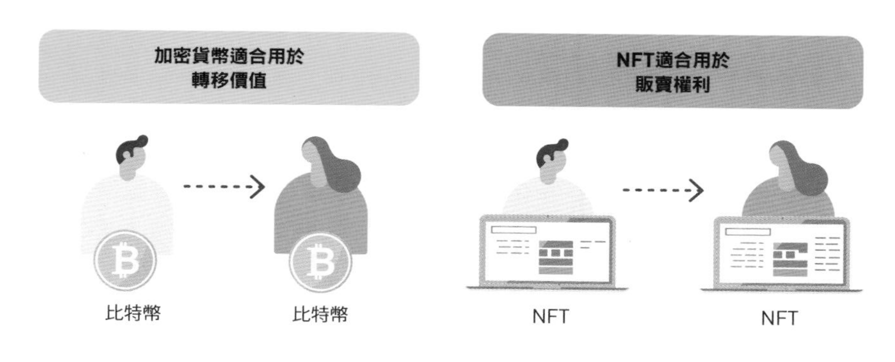

為法務人員提供「契約電子化」的「OpenLaw」

藉由應用NFT技術，傳統的法律契約實務和不動產交易、汽車買賣等商務都能變得更有效率。而系統管理者、法務人員可以自己建構電子契約的系統，就是「OpenLaw」的主要特色。「OpenLaw」是第一個結合傳統契約和「智能合約」的項目。

傳統契約所面臨的課題

- 合約文字可能存在模糊空間。
- 交給各層級負責人確認、簽名需要花費人力和時間，因此合約愈大，所耗費的時間和成本愈高。
- 文件的保存和移動並不安全。

「智能合約」所提供的解決方案

- 契約由程式執行，避免模糊空間。
- 契約文字範本化，減少製作成本。
- 因為是電子文件，可減少輪流簽名的時間，提高效率。
- 契約文件採電子化保存，可隨時檢閱。

不使用加密貨幣就能將作品NFT化的「CryptolessNFT」

NFT內容的代理發行商陸續出現

雖然LINE等平台已可輕鬆發行NFT內容，但大多數創作者應該更想在世界規模最大的平台OpenSea上發行作品。

不過要在OpenSea上架自己的商品，必須先完成以下7個步驟：①註冊加密貨幣交易所帳號、②完成交易所實名認證、③建立錢包、④購買加密貨幣、⑤在OpenSea註冊帳號、⑥完成OpenSea實名認證、⑦發行NFT。而且完成這些步驟後，還需要管理營收、處理稅務等雜務和進行行銷。

因此，**現在也有公司看準創作者不想處理隨著發行和販賣NFT內容而來的各種瑣碎事務，推出代替創作者將作品NFT化、發行，以及代辦其他事務的服務**。

例如使用CryptolessNFT所提供的代理發行NFT內容的服務，它們就會替客戶完成靜止圖片、影片、音頻、文書、3D藝術等各種作品的所有發行手續，**就連販賣、營收管理、說明文字的翻譯（適用外國用戶）和代筆也能代為處理，甚至還有免費的廣告**。費用從3000日圓起跳（初次使用須支付額外的基本費用），可降低發行的成本和門檻。

隨者NFT市場的興盛，NFT代理發行商也逐漸增加。除了企業之外，甚至還有個人的代理商，只要在群眾外包網站上搜尋一下就能輕鬆找到。此外也有諮詢服務。即使是不擅長處理雜務，想要專心製作作品的創作者，現在也能輕鬆且放心地發行作品。

NFT內容代理發行服務「CryptolessNFT」可以幫你做的事

服務內容

- 註冊帳號
- 製作、發行NFT
- 販賣、營收管理
- 文章翻譯、代筆
- 免費廣告

支援的檔案格式

- 圖片（插圖、照片等）
- 影片、動畫
- 音頻（音樂、聲音商標等）
- 文字（詩、小說等）
- 3D（物件、AR等）
- 其他藝能娛樂類道具

https://jp.cryptolessnft.com

透過「CryptolessNFT」發行NFT的流程

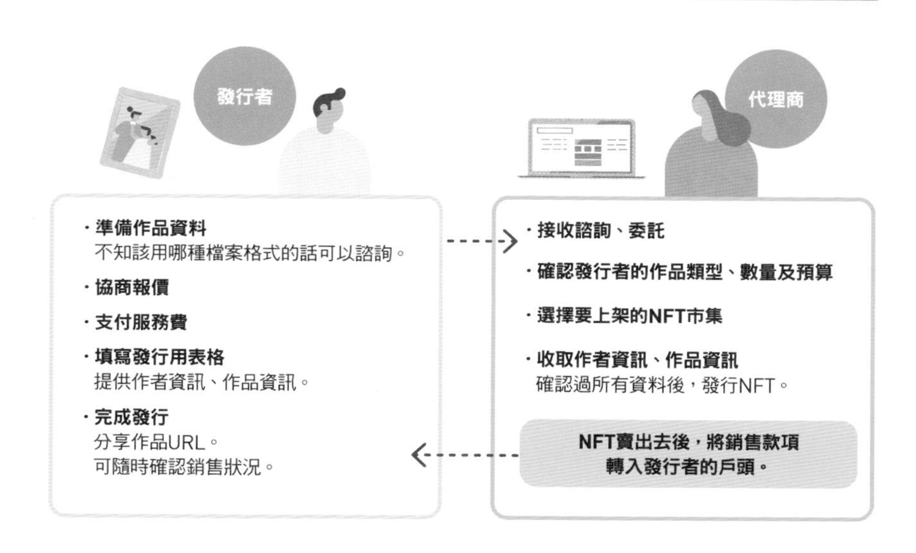

主要領域的NFT商業案例 —— 外國篇

▶除了元宇宙、音樂、藝術外，也有環保相關領域

前面我們介紹過幾個NFT的商業應用案例，接下來我們再來看看其他的案例。首先是外國的案例。

●Decentraland

目前元宇宙市場特別受到期待的項目。這是一個可以在元宇宙遊玩的區塊鏈遊戲平台，元宇宙內的土地和不動產都是NFT，在現實世界也具有資產價值。元宇宙內的交易全部都使用該平台發行的加密貨幣MANA進行。隨著Decentraland的發展，MANA的價值也預期看漲。

●3LAU

1991年生，以拉斯維加斯為活動據點的EDM（Electronic Dance Music）製作人。NFT音樂的先驅之一。

在Nifty Gateway發行了NFT單曲《EVERYTHING》，同時開始援助有志創作音樂、舞蹈、藝術的學生。將自己過去的樂曲附上合作權利拿到NFT拍賣會上拍賣，共籌集了約1100萬美元。

●The Nori Carbon Removal Marketplace

以解決氣候變遷問題為目的，專門買賣碳權的NFT市集。將碳權發行成NFT提供給企業或消費者，志在達成淨零碳排。期望應用NFT技術，以低成本高效率的方式去除CO_2。

外國主要領域的NFT商業案例列表

名稱	領域	主題	從業者
KnownOrigin	藝術	可跳過仲介直接向蒐集者販賣NFT藝術品的市集	BlockRocket
NBA Top Shot	體育	販賣NBA各隊球員的精彩時刻影片（數位卡片）	Dapper Labs
Chiliz	體育	推出歐洲頂尖足球俱樂部的粉絲代幣	Chiliz
NIKE	時尚	NIKE收購NFT工作室RTFKT，進入市場	NIKE、RTFKT
CryptoKitties	遊戲	世界第一個應用NFT技術的區塊鏈遊戲	Dapper Labs
Axie Infinity	遊戲	可養成虛擬生物，讓其對戰的區塊鏈遊戲	Sky Mavis
Decentraland	元宇宙	元宇宙中的區塊鏈遊戲平台	
Cryptovoxels	元宇宙	土地和道具都是NFT，可用以太幣買賣	
The Sandbox	元宇宙	可在NFT市集買賣遊戲中的角色和道具	
deadmau5	音樂	加拿大出身的音樂製作人和DJ。音樂NFT商務的先驅	deadmau5
3LAU	音樂	美國出身的音樂製作人和DJ。很早就發行NFT	3LAU
Calvin Harris	音樂	蘇格蘭出身的音樂製作人和DJ。以「世界最賺錢的DJ」聞名	Calvin Harris
Galantis	音樂	瑞典出身的音樂製作人和DJ。為小甜甜布蘭妮等歌手製作音樂	Galantis
Zedd	音樂	在德國成長的音樂製作人和DJ，得過葛萊美最佳舞曲錄製獎	Zedd
無廣告網站會員權	出版	用NFT販賣可以閱讀無廣告文章的權利。權利過期會自動失效	Forbes、Unlock
DigiTix	票券	建立在以太坊上，販賣活動門票的平台	DigiTix
Valunables	社群媒體	可將使用者投稿的推特文章輕鬆NFT化並進行買賣的推特市集	Cent
The Nori Carbon Removal Marketplace	環境	專門買賣碳權的NFT市集。用NFT提供企業和消費者購買碳權	NORI

主要領域的NFT商業案例——日本篇

日本國內有很多領域也開始應用NFT

日本國內的各個領域也陸續出現NFT的應用案例。

●「溫泉娘（温泉むすめ）」企劃

「溫泉娘」是為了支援因新冠疫情而受到重創的日本全國溫泉業者，由株式會社Enbound發起，觀光廳給予補助的企劃。該企劃以日本全國溫泉區為主題，藉由製作二次元角色並發行漫畫、小說、遊戲等跨媒體內容，籌募資金來援助溫泉業者。

SBINFT、MPA、日本加密貨幣市場公司也參與這項企劃，共同選出一個可代表日本並吸引外國觀光客的宣傳內容。

●「謎之屋敷的瓦礫（謎の屋敷のガレキ）」

株式會社TITAN在開設網路社群「Wasteland的小電台！謎之屋敷遺址（ウエストランドのぶちラジ！謎の屋敷 跡地）」的同時，發行了附贈限定內容閱覽權的NFT商品「謎之屋敷的瓦礫」。

群眾募資平台CAMPFIRE與Mobile Factory的Uniqys市集，以及由BlockBase開發的NFT合作工具cranvery展開合作，使該平台上的NFT可設定向CAMPFIRE Community回饋權利金。而它們合作的第一波企劃就是「Wasteland的小電台！謎之屋敷 遺址」。

NFT的發行由Uniqys市集負責，並使用cranvery來管理所發行的NFT的使用權限。

日本主要領域的NFT商業案例列表

名稱	領域	主題	從業者
STARS	藝術	STARS與NFT藝術事業的Shinwa Wise Holdings合作	STARS、Shinwa Wise Holdings
Filmarks × Quan	藝術	針對IP所有者和創作者提供諮詢以及實務支援	TSUMIKI、Quan
SAMURAI cryptos	藝術	推出的第一波藝術品是小林誠的作品，在OpenSea上拍賣	double jump. tokyo、GONZO
Kizuna AI NFT化	娛樂	Metaani是由mekozzo和MISOSHITA成立的項目	Kizuna AI、Metaani
SKE48交換卡片	娛樂	移植至HashPalette開發的Palette鏈上	HashPalette、coinbook
運用NFT回饋群眾募資	群眾募資	CAMPFIRE與Uniqys市集、cranvery共同合作	CAMPFIRE、Mobile Factory、BlockBase、TITAN
PuzzleLink	遊戲	由Platinum Egg公司開發、經營的NFT解謎網站	Platinum Egg
My Crypto Heroes	遊戲	日本製作的區塊鏈MMORPG	double jump. tokyo
附贈NFT數位特典的出版物	出版	與各個出版社共同開發附贈NFT數位特典的出版物	日本東販、Media Do、許多出版社
《三溫暖樂園》拍賣會	出版	在OpenSea的拍賣中以大約2,761,935日圓成交	FiNANCiE
J聯盟官方授權遊戲	體育	與J聯盟簽約，有來自J1、J2超過800名球員以實名實照方式登場	OneSport、AXEL MARK、J聯盟
「GIFTING × NFT」	體育	Engate公司預定將推出NFT贈禮服務	Engate、阪神虎等
LIONS COLLECTION	體育	內容包括所有球員的簽名，最低起標價為20萬日圓	埼玉西武獅
電子印鑑	電子契約	應用了JCBI的聯盟鏈	旗牌公司、Centaurus Work等
溫泉娘	旅行、觀光	應用ERC20的預付式支付方式，吸引觀光客並活化地區	Enbound、SBINFT、MPS、日本加密貨幣市場公司
SKY WHALE	旅行、觀光	由ANA開發（虛擬旅遊平台）	ANA NEO、空密、Shopify、JP GAMES等
Buynet	會員權	第一波商品是販賣可半永久使用法拉利的NFT會員權利	Sunshare

成長的NFT商業①
[藝術×元宇宙]

在元宇宙的博物館或畫廊展示加密藝術

元宇宙是電腦網路中的三次元虛擬空間，它因為Facebook改名為Meta一炮而紅，也有人指出元宇宙與NFT的相容性很高。

以下介紹元宇宙和藝術結合的例子。

●NFT藝術項目「Generativemasks」

ASOBISYSTEM、ParadeAll、Fracton Ventures這3家公司共同應用了NFT技術，在開放式元宇宙中的文化都市「元東京」展開企劃，建設由日本發明的生成藝術（由演算法自動生成的藝術創作）博物館「SPACE by Meta Tokyo」。同時也開始販賣相當於元東京數位通行證的NFT「Meta Tokyo Pass」。只要購買此NFT便可以得到各種不同的特典。

●元宇宙中的「Otaku Coin畫廊」

發行專為動畫、漫畫、遊戲粉絲打造的社群貨幣「Otaku Coin」的Otaku Coin協會和負責營運交換式卡片遊戲「CryptoSpells」的CryptoGames，日前在Decentraland上公開了「Otaku Coin畫廊」，並開始在此處展示加密藝術作品。該畫廊的設計者是知名的元宇宙建築師MISOSHITA。

所謂的加密藝術，就是與NFT綁定而具有稀少性的數位藝術。「Otaku Coin畫廊」的目的在於提供顧客豐富的體驗，藉此宣傳和推銷加密藝術。

用「以太坊」管理元宇宙都市中的資產和交易

「SPACE by Meta Tokyo」所在的開放式元宇宙「Decentraland」是以「以太坊」為基礎建構的虛擬實境平台。使用者可以在虛擬空間中玩遊戲，製作、販賣道具或是內容。在購買虛擬土地「LAND（土地的基本單位）」之後，可以自己建立市場或應用程式來盈利。這些數位資產全部都用「以太坊」來管理，使用者也擁有「LAND」的土地所有權。

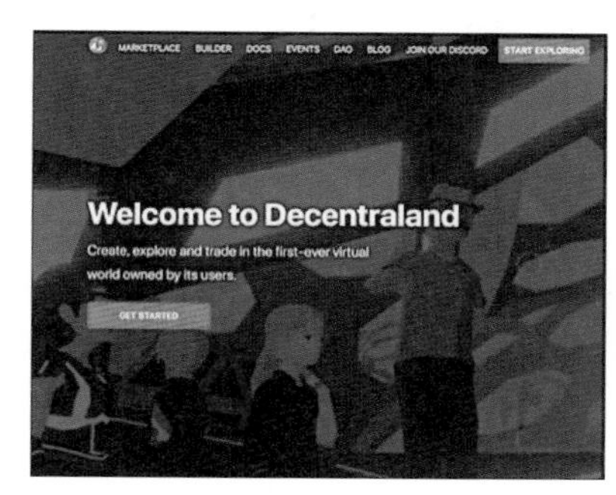

https://decentraland.org

在元宇宙都市中營業的「元東京」

購自「Decentraland」被用來搭建「元東京」的土地，一部分被用於架設快閃博物館「SPACE by Meta Tokyo」。NFT藝術合集「生成藝術」被當成由日本發明的新藝術型態來展示。

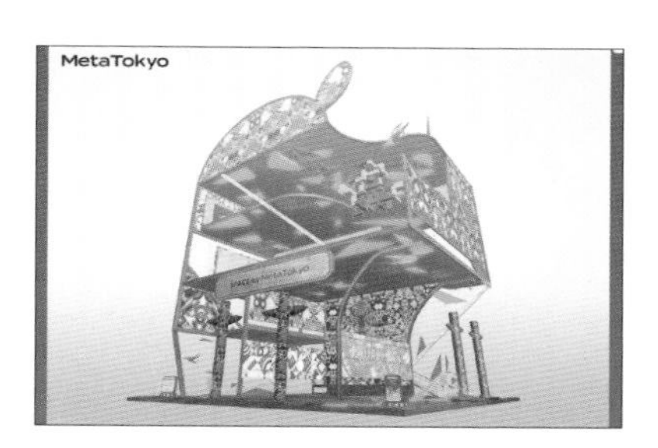

https://prtimes.jp/main/html/rd/p/000000109.000017258.html

具有元東京通行證功能的NFT

「MetaTokyo Pass」是在元東京內使用，可進行各種活動並領取贈品的NFT。目前是在「OpenSea」上販售。預定未來將提供可參加限定活動或進入限制區域，以及參加創作者舉辦的工作坊等特典。

成長的NFT商業②
[體育×元宇宙]

▶繼NIKE之後，adidas也急起直追，進軍元宇宙市場

由於體育競技需要場地，因此**很適合與3D虛擬空間的元宇宙結合**。於是業者想出很多點子，像是設置可供粉絲入場的虛擬體育場、競技場，以及粉絲商店、球隊或聯盟的官方數位設施等等。此外，也可**藉由在元宇宙內流通的加密貨幣來實現販賣粉絲特典或票券、周邊商品**等。

在這樣的背景下，體育時尚品牌採取了各種策略。前面已介紹過NIKE收購NFT工作室RTFKT的例子，NIKE還在科技部門中設置了專門負責元宇宙項目的職位，並進行其他各種努力。例如在線上遊戲平台Roblox上架設NIKELAND等品牌專區。此外，NIKE也是最早註冊數位資產商標的企業之一。

而NIKE的對手adidas也不落人後。2020年adidas在The Sandbox購買了一塊虛擬土地，並與NFT品牌Bored Ape Yacht Club、數位漫畫系列Punks Comic、加密貨幣企業Gmoney合力打造新的企劃。

另外，adidas在2022年1月與精品品牌PRADA合作，推出由聯名企劃「adidas for Prada Re-Nylon」延伸而來，將社群參與者提供的素材製成NFT數位藝術品在SuperRare平台上拍賣。

元宇宙與體育競技易於結合

美式足球是美國的國民運動之一，而國家美式足球聯盟（NFL）則在遊戲平台「Roblox」內開設了虛擬商店NFL Shop。「Roblox」玩家可在商店內購買頭盔和球衣，用在自己的虛擬分身上。讓現實世界的球迷能把自己的日常生活帶入元宇宙內，透過虛擬分身來表現自己的個性。此虛擬商店的架設工作是由致力於開發Roblox數位體驗的美國遊戲工作室「Melon」負責。

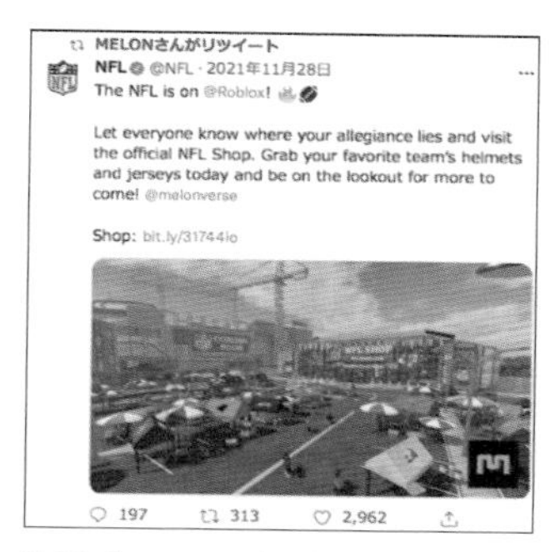

NFL的twitter帳號發文呼籲球迷「快來取得你支持的球隊的頭盔和球衣」。

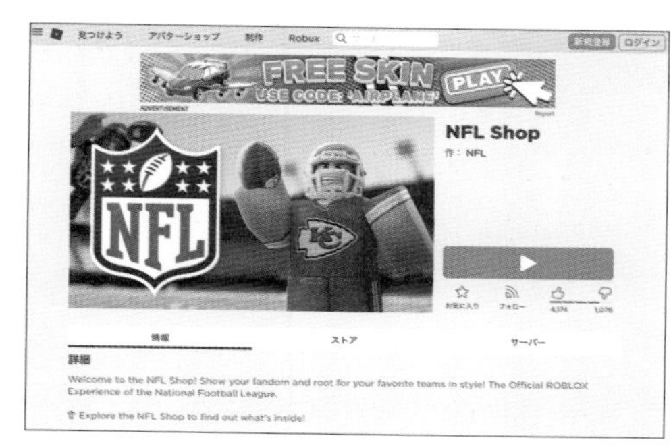

虛擬商店「NFL Shop」
https://www.roblox.com/games/7837709870/NFL-Shop

SONY的技術改變了足球的觀賞體驗

2021年11月30日，索尼集團與英國「曼徹斯特城足球俱樂部」共同簽署了「官方虛擬世界球迷交流合作夥伴（Official Virtual Fan Engagement Partner）」協議。雙方宣布將結合現實世界和元宇宙，開發可讓全球球迷宛如臨場觀賞球賽的內容，並展開建立新型態粉絲社群的實證實驗。索尼將打造曼城隊的主場「阿提哈德球場」的VR版本。此計畫將焦點放在體育競技可使人群聚集的價值。球迷和球員可以在元宇宙內進行交流。

在元宇宙中完全重現「阿提哈德球場」（概念圖）。

成長的NFT商業③ [藝術×時尚]

▶NFT的稀少性把數位時尚變成藝術

前面我們已經看過1SEC和NIKE的虛擬球鞋這類藝術與時尚結合的案例，接下來我們要再介紹幾個專門結合藝術和時尚的案例。

●TETRAPOD APPAREL

2021年7月由NULL公司推出的企劃，透過結合NFT、藝術、服飾、展示空間這四者，為藝術作品帶來新價值。NULL公司販賣的衣服附有可和NFT連結的QR Code，藉由各種形式展示其所製作的產品。另外也有公開招募藝術家和展示空間。

●GUCCI發行的PROOF OF SOVEREIGNTY

精品品牌GUCCI參加了佳士得所舉行的線上拍賣會「PROOF OF SOVEREIGNTY: A Curated NFT Sale by Lady PheOnix」，並在拍賣會上推出第一個NFT短片作品。該作品最終以2萬美元賣出，收益全數捐給美國聯合國兒童基金會。

●LOUIS THE GAME

Louis Vuitton在2021年8月推出結合NFT藝術作品的區塊鏈遊戲。只要通過全部關卡，就能獲得遊戲中出現的30種NFT藝術作品的抽獎券。當中也包含了Beeple（參照Part 1）的作品。是全球數一數二的時尚品牌結合遊戲與藝術的案例。

無論是GUCCI還是Louis Vuitton都善用了NFT，為既有的品牌增添附加價值。

TETRAPOD APPAREL的特色

支援藝術家的活動

將藝術家提供的創作製成服飾商品，在網路商店中販賣，同時在社群網路上替藝術家進行宣傳。此外也在各個展場展示和販賣作品。藝術家可拿到50%的收益，而展示空間可拿到10%的收益。

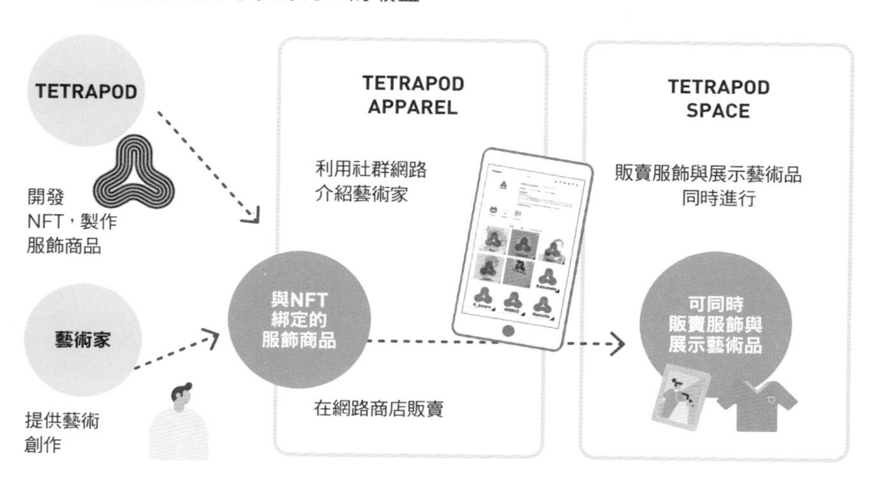

實現「可升級新款的衣服」

販賣的衣服附有可和NFT連結的QR Code。NFT能夠證明「擁有者」是誰，當衣服的質料或款式更新時，可透過補差額的方式購入新商品。TETRAPOD提出的這種商業模式被稱為AaaS（Apparel as a Service）模式。

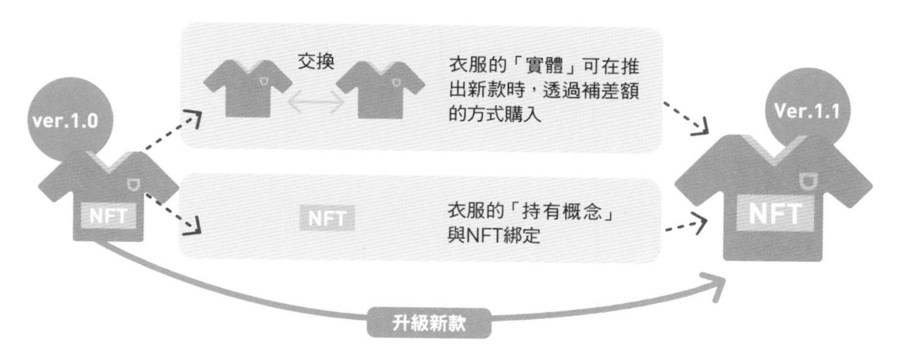

Column

NFT的「趣味性」使NFT變得有價值

閱讀網路上氾濫的各種NFT報導，便會發現大多數人似乎都把NFT當成投資（投機）對象。確實NFT之中有可以期待未來會升值的資產，就這點來說NFT的確可視為投資標的，但問題是把NFT當成有價證券或與之同等的金融商品來看待的話，不免讓人質疑。

這是因為過去在加密貨幣領域出現ICO（首次代幣發行）熱潮時，曾經有很多人把ICO當成未註冊的證券來進行交易，導致後來美國證券交易委員會（SEC）展開全面監管。據說其中有些案子甚至為此支付了數百萬美元的罰款。

那麼，NFT是一種證券嗎？根據熟悉美國金融法規的記者大衛．莫里斯（David Z. Morris）的說法，「證券通常被定義為對他人未來的工作產出收取利益的權利」，而「NFT一般是已經完成的工作成果」，所以大多數的NFT都不是證券。換句話說，「即使你買它是因為你認為它的價值會上升（中略），也不代表你取得了任何二次利用的權利」。

所以，附帶給予其他數位代幣等情況時，我們也有必要依個別情況去思考擁有NFT的意義。「NFT市場的氛圍就像遊樂場，這就是NFT之所以有趣的地方。而且重點在於，正是這種趣味性讓NFT具有價值。」我認為我們有必要好好思考莫里斯的這段話。

參考：https://www.coindeskjapan.com/120444/

Part 4

法律整備和權利明確化是課題所在

NFT的 法律、會計 現況

發行與販賣NFT的法律意義

基於市集的使用規定和與當事人簽訂的買賣契約

接下來讓我們來整理一下發行和販賣NFT的法律意義。首先是關係人的部分。雖然理論上創作者可以直接跟NFT的購買者進行交易，不過實際上，絕大多數的情況都是**透過NFT市集的平台經營者，像是OpenSea、nanakusa等居中仲介**。

在藝術領域，雖然佳士得和蘇富比等傳統拍賣行也開始參與NFT拍賣事業，但它們目前也都是透過OpenSea和Nifty Gateway等NFT市集來舉行拍賣活動。

因此基本上凡是經由NFT市集發行和販售NFT，大致上都可以分為以下5個步驟：**①發行NFT、②募集購買者與決定購得者、③買賣契約成立、④履行買賣契約、⑤創作者與NFT購得者之間的法律關係成立**。

在上述所有步驟中，創作者、參與購買者、實際購得者與NFT市集之間的往來，都是遵照NFT市集的使用規定。包含發行的NFT在什麼地方以何種形式產生，也都是依照使用規定。而創作者與購得者之間的往來則依照**買賣契約**進行。另外，著作權等權利關係，則依照**使用規定和買賣契約**制定。

NFT的發行和交易是誰與誰之間的行為？

NFT平台經營者藉由提供區塊鏈相關技術，吸引眾多創作者和消費者參與NFT市場。在發行和販賣NFT的過程中會產生以下關係。

❶ 發行NFT

遵循NFT平台的使用規定上傳創作內容，然後按照步驟發行與作品連結的NFT。NFT在哪裡鑄造由平台決定。

❷ 募集購買者與決定購得者

想購買NFT的人必須依照平台的使用規定完成相關手續，然後表達購買意願。如果是拍賣形式，則按照適用於所有關係人的規定決定購得者。

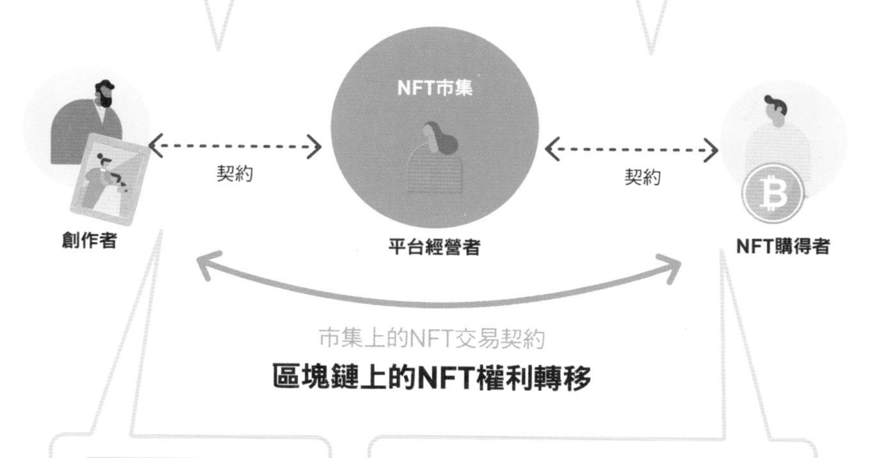

❸ 買賣契約成立

創作者和購得者之間的買賣契約成立。如果是指定使用加密貨幣支付時，可以簽訂NFT和加密貨幣之間的定價契約。

❹ 履行買賣契約

基於買賣契約，購得者向創作者支付代價後，創作者會在區塊鏈上把NFT轉移給購得者。同時依照NFT平台的使用規定，雙方必須支付手續費給平台經營者。有些區塊鏈還要再扣掉礦工費。

❺ 創作者與NFT購得者之間的法律關係成立

如果買賣包含對內容的特定使用權，基於使用規定和買賣契約，購得者會一併獲得基於著作權的權利許可。

NFT交易合約中產生與轉移的法律權利

絕大多數情況只會轉移內容使用權

進行NFT交易時，應該留意哪些法律權利呢？大致上包括以下2項：**①內容的著作權等智慧財產權及人格權等（IP等）、②內容的使用權**。

在透過NFT市集進行的NFT交易中，目前尚未出現可改變或轉讓IP的案例。幾乎都只會轉移內容的使用權。

那麼內容的使用權包含哪些呢？一般包括以下5種。

①販賣（轉賣）NFT內容的權利（販賣權）、②為販賣NFT內容而在NFT市集上架與展示的權利、③在元宇宙藝廊中展示NFT內容的權利、④用NFT內容製作周邊產品販售的權利、⑤複製NFT內容轉賣的權利。

以上5種權利都不是全部自動給予，而是根據NFT市集的使用規定和買賣契約的內容，來決定購買者可以獲得哪些使用權利。

這裡的重點在於，**不論是內容的使用權還是智慧財產權，這些都不存在於NFT的資料中**。雖然也有一些NFT的詮釋資料（參照Part1 006）會放入法律權利等說明，但其內容並不見得就是對的。因此就算NFT資料轉移了，也不代表法律權利會跟著轉移，關於這一點，必須有清楚的認識。

NFT內容的使用權

依照平台的使用規定和買賣契約而異

NFT資料和法律權利的「移動」問題

NFT的資料是存在於網路空間中的數位資料。然而「法律權利」是屬於現實世界的「抽象概念」。「概念」不能被區塊鏈或外部伺服器記錄，因此必須分清楚NFT資料與法律權利的差別，並加以辨識。

參考：https://storialaw.jp/blog/8344

持有、轉移NFT的法律性質

交易類型大致分成3類

NFT的交易類型可以大致分成3類：①當事人之間的個別交涉、②權利所有人規定特定的使用條件、③在NFT市集上進行交易。

①當事人之間的個別交涉

儘管有時中間可能還會有代理人，但基本上屬於個人和個人之間的買賣交涉，此時法律權利也由買賣雙方簽訂的契約內容決定。在技術方面大多是利用智能合約。

②權利所有人規定特定的使用條件

權利所有人（創作者）事先設定好使用權後發行NFT，購買NFT等於同意所規定的內容。法律權利只包含預先規定好的使用權。也有例子是直接把使用權記錄在NFT的詮釋資料內。

③在NFT市集上進行交易

在NFT市集上進行交易的情況，所有關係人都必須遵從NFT市集的使用規定。因此法律權利也是基於使用規定。

如果使用權的權利主體不是NFT市集的話，使用權便會轉移，並在每次轉賣時跟著轉移給下一個購買者。如果權利主體是NFT市集的話，市集則會設定轉授權（sublicense），在每次轉賣時轉授權也會跟著讓渡。

在NFT市集上進行交易的類型

❶ NFT市集（平台）不是權利主體時

使用規定上載明「營運方不是NFT交易當事人」。
平台只負責媒合創作者與購買者，每次轉賣時使用權便會跟著轉移給下一個購買者。

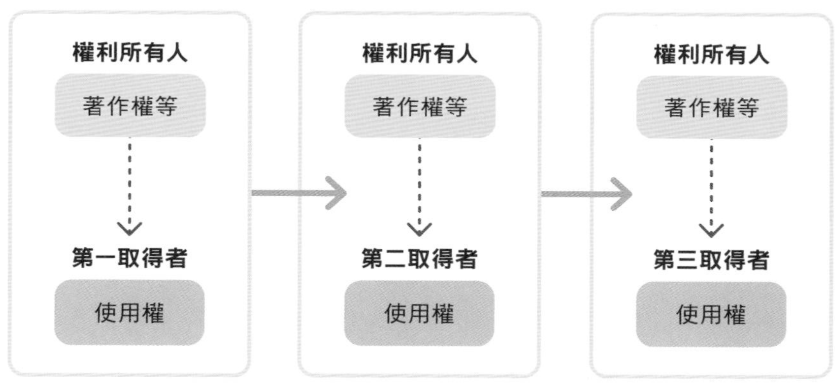

參考：https://storialaw.jp/blog/8344

❷ NFT市集（平台）是權利主體時

基於使用規定轉移轉授權。

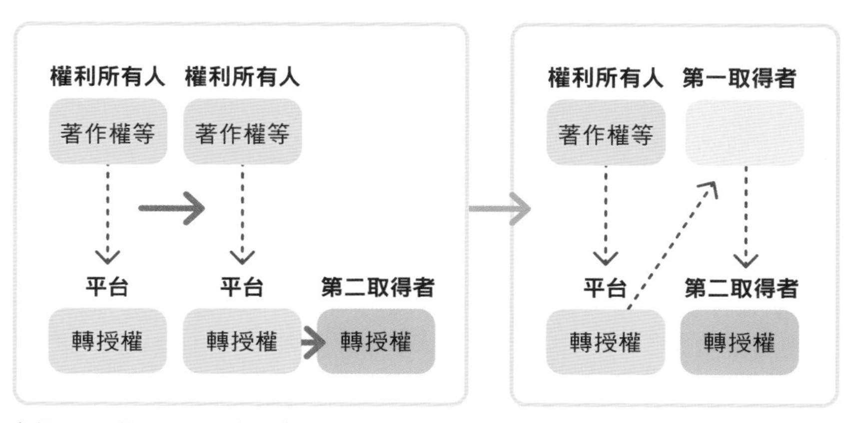

參考：https://storialaw.jp/blog/8344

著作權與NFT

NFT也有著作權但沒有所有權，因此必須進行調整

該如何理解NFT的著作權呢？首先來看實際作品的著作權吧。

根據日本的《著作權法》，著作物的定義是「思想或情感的創作性表現，屬於文藝、學術、美術或是音樂的範疇」。

著作人是創作著作物的人，**對於著作物自然擁有著作權及著作人格權**（不需要經過申請或登記）。其中**著作人格權是保護著作人人格的權利，不可讓渡，但著作權可以讓渡**。

而關於所有權的部分，在日本的《民法》中是指「對有形體之物品可以直接全面排他性支配的權利」，因此就算擁有所有權，並非當然擁有該物作為概念上的無形體著作物的著作權。但由於過去習慣把資料也視為無形物，因此NFT在法律上並不會變成所有權的對象。不過就跟實體創作一樣，NFT創作者對NFT內容同樣擁有著作權和著作人格權。

讓渡NFT創作時，**由於根本上就不存在所有權，因此所有權當然也不會發生轉移；但著作權仍可在雙方同意下被讓渡。如果沒有特別約定，著作權仍歸原著作權人所有**。

在實體創作領域，日本存在調整著作權和所有權的相關規定，但NFT創作並不存在所有權，所以一般認為必須透過買賣契約來調整創作物所有人與著作權人之間的利害關係。

何謂著作人

著作人	亦即創作著作物的人。共同著作物則以所有參與創作的人為單一著作物的著作人。
法人著作（職務著作）	當以下5個要件全部（程式的著作物可以不必滿足❹的要件）滿足時，則以法人等為著作人。 ❶出於法人等的意思而完成的著作 ❷執行法人等的業務時所完成的著作 ❸法人等的從業者因職務關係而完成的著作 ❹以法人等的著作名義公開發表的著作 ❺法人內部的契約、勤務規則等未特別規定者，則以法人為著作人

著作人的權利

著作人格權	
公開發表權	可決定自己尚未公開發表的著作物是否公開、何時公開、以何種方式公開的權利。
姓名表示權	公開發表自己的著作物時，可決定是否表示著作人姓名，或者表示本名或別名的權利。
同一性保持權	禁止他人違反著作人意志擅自改變著作物內容或題名的權利。
著作權（財產權）	
複製權	用印刷、拍照、複印、錄音、錄影等有形方式複製著作物的權利。
演出權	公開表演或演奏著作物（包含播放表演、演奏的錄製物）的權利。
上映權	公開上映著作物的權利。
公開傳輸權、公開播送權	以自動傳輸方式對公眾提供著作物、播放或有線播送著作物，或是使用可公開傳輸著作物的接收裝置播送的權利。 ※自動公眾傳輸是指將資料放在開放公眾進入的伺服器內，透過伺服器自動回應的方式傳輸。另外，資料儲存在伺服器上的狀態則稱為「傳輸可能化」。
口述權	以朗讀等口頭方式公開傳播語言著作（包含播放口述的錄音）的權利。
展示權	公開展示美術著作和未發行之攝影著作的權利。
頒布權	頒布（販賣、出租）電影著作物之複製物的權利。
讓渡權	向公眾讓渡電影之外的著作物之原作或複製物的權利。
出租權	向公眾出租電影之外的著作物之複製物的權利。
翻譯權、改編權等	將著作物進行翻譯、編曲、改編的權利（二次創作的權利）。
二次創作的使用權	使用以自己的著作物為原作的二次創作（涉及上記各權利的行為）時，享有與二次創作之著作權人相同的權利。

出處：日本公益社團法人映像文化製作者聯盟（https://www.eibunren.or.jp/?page_id=803）

NFT與賭博罪、《不當景品標示法》的關係

必須格外小心觸犯賭博罪或《不當景品標示法》

日本的網路遊戲業界以前曾十分流行「蒐集式扭蛋」（只要蒐集到全套特定圖案的卡片，就能獲得特殊道具的活動），但後來因為觸犯《不當景品標示法》而被全面禁止。

在這些網路遊戲中，有些剛開始被公認是合法的，後來卻**因為射倖性**（譯註：此為法律用詞，指利用僥倖心態來謀財的性質）**太強，以及有太多使用者受害而遭到禁止**。因此從事NFT相關商業行為的業者，尤其是提供區塊鏈遊戲的業者，都必須先仔細確認自己公司的事業**有無觸犯賭博罪或《不當景品標示法》**。

例如購買NFT時，由程式隨機選定購買對象的服務就有可能觸犯賭博罪。還有舉辦收取報名費的遊戲比賽，把NFT當成優勝獎品，在法律上也有可能被視同經營賭場（不只NFT，提供獎金也一樣）。

而在NFT的不當標示方面，假如為了讓創作者在實體藝術品轉賣時可以抽取一定比例的費用而綁定NFT，但說明文字卻讓人產生實體藝術品的所有權會跟著轉移的「誤解」，那麼，就有可能會因觸法而受罰。

在日本，有時實務上很難判斷到底算不算不當景品。畢竟光是要判斷一個商品到底算不算景品就很困難了。「自己提供的商品或服務的交易」這句話的適用範圍意外地廣，而且要判斷到底哪些東西算是「隨附於交易之物」也不容易。

日本有關賭博的《刑法》

第185條

從事賭博者，處50萬圓以下易科罰金。但賭注若為提供一時娛樂之物品者，則不在此限。

第186條

慣習賭博者，處3年以下有期徒刑。開設賭場或組織賭徒以牟利者，處3個月以上5年以下有期徒刑。

賭博罪的成立要件

①有2人以上參與　②勝負依賴偶然機率
③以財物或財產上的利益為對象
④以競爭輸贏決定③的得失（勝者獲得，敗者喪失）
⑤非提供一時娛樂之物品（如飲料、食物等）

註：台灣關於賭博的相關法令如下：
《刑法》第266條：
①在公共場所或公眾得出入之場所賭博財物者，處五萬元以下罰金。
②以電信設備、電子通訊、網際網路或其他相類之方法賭博財物者，亦同。
③前二項以供人暫時娛樂之物為賭者，則不在此限。
④犯第一項之罪，當場賭博之器具、彩券與在賭檯或兌換籌碼處之財物，不問屬於犯罪行為人與否，沒收之。
《刑法》第268條
意圖營利，供給賭博場所或聚眾賭博者，處三年以下有期徒刑，得併科九萬元以下罰金。

日本的《不當景品標示法》為何？

目的：第1條

本法之目的旨在防止業者在商品與服務的交易中，藉由不當景品類及不當標示引誘顧客，透過限制及禁止等妨害一般消費者自主且合理選擇的行為，保護一般消費者之利益。⇒換句話說，就是禁止「用不當景品或廣告來推銷、販賣商品」的法律。

景品的成立要件

①引誘顧客的手段　②由業者（不論營利或非營利）提供
③自己提供的商品或隨附於交易之物
④提供物品、金錢及其他具經濟利益之物
（獎狀或獎盃等不包含在內）

	提供方式	景品類限額		
		最高額		總額
一般懸賞	對商品、服務的使用者，利用彩券等之偶然性、特定行為之優劣等提供景品類的行為（懸賞）。例：店鋪的抽獎活動	交易價格不滿5000日圓	交易價格的20倍	預估營收總額的2%
		交易價格在5000日圓以上	10萬日圓	
總付景品	不依賴懸賞，對所有使用商品、服務或來店顧客皆提供景品類的行為。例：對所有購買者發放贈品	交易價格不滿1000日圓	200日圓	—
		交易價格在1000日圓以上	交易價格的10分之2	

買賣NFT時的會計要如何處理？

要留意目前尚不存在NFT專屬的會計準則

目前依照日本法律，買賣加密貨幣所產生的利益就跟外匯保證金等金融商品一樣屬於雜所得（譯註：日本稅法規定的所得稅分類之一，指所有不屬於利息所得、股利所得、不動產所得、事業所得、薪資所得、退職所得、山林所得、讓渡所得、一時所得的收入）。因為NFT與加密貨幣的交易平台相同，所以有些人會以為NFT交易所產生的利益也屬於雜所得。然而寫有代幣持有人名稱的NFT和加密貨幣，兩者很明顯是不同的東西，因此依照具體的所得狀況，實際上可能被分類為「事業所得」、「讓渡所得」、「雜所得」其中之一。

但在筆者撰寫本書之際，日本還沒有NFT專屬的會計準則，所以不同會計師之間可能會存在看法上的分歧。這裡先整理出幾個會計處理方面必須注意的要點。

●NFT發行業者的銷售獲利

●NFT代幣取得者的獲利

●NFT代幣取得者的盤存資產及成本會計

在稅務方面也一樣，目前NFT在日本還沒有關於稅法上的定義或針對NFT的課稅相關規定。但如同前述，實務上一般認為NFT不能視同加密貨幣。NFT在稅務上需要注意的重點如下。

●一般所得稅和法人稅

取得NFT和賣出NFT時的稅務。

●消費稅的處理

會計、稅務這兩方面，最好向熟悉線上商務的會計師尋求專業諮詢。如果條件允許的話，應該請教多位會計師的意見。

處理NFT的會計時應參考的法令及指引（※僅限日本）

大前提

日本《公司法》第431條

「股份公司的會計，應遵循普遍認為之公正妥當的企業會計慣例。」

※由於目前還沒有關於NFT之公正妥當的實務慣例，因此需要額外標註重要的會計方針（如「相關會計準則等規定不明確時」）。

若NFT屬於《資金結算法》定義的加密資產時

實務對應報告第38號

「關於《資金結算法》中虛擬貨幣的會計處理等的現行做法。」

※若屬於《資金結算法》的預先支付手段，雖然沒有明確的會計準則，但已有很多一般實務慣例，故須參考前例。

若NFT屬於《金融商品交易法》的電子紀錄轉移權利（Security Token）時

企業會計基準第10號

「金融商品相關會計基準」

會計制度委員會報告第14號

「金融商品會計相關實務指引」

業界自主規制團體的指引

「加密資產交易行業的主要財務處理例示」
（一般社團法人加密資產交易協會）

※因為不是會計準則，按此指引處理時必須註記會計方針。

NFT的法律課題與爭議

▶因急速普及導致立法的速度趕不上，NFT存在不少爭議

2020年全球NFT市場迎來爆發式成長，日本從2021年開始，也有為數眾多的業者進入該市場，但因為普及得太快，導致法規制定的速度趕不上實際的發展。

舉例來說，目前光是**「NFT到底買賣的是什麼」**這個最基本的問題，也還沒有完全達成共識。在法律面的完備與否，儘管NFT的功能和用途可以透過既有的法律加以規範（加密貨幣、金融商品等），但並沒有專門為NFT量身打造的規定。有人認為NFT不適合用管理加密貨幣的方法來規範；也有人認為NFT具有投機性，所以應該視同金融商品處理，然而誰也不知道未來究竟會往哪個方向發展。

關於NFT算不算金融商品，我認為應該針對個別的NFT服務來討論會比較妥當。另外NFT只要發行的數量夠多，實際上也能具備類似加密貨幣的功能（當成支付手段等）。

至於NFT算不算有價證券也存在著爭議。關於這一點，日本和美國的見解大為不同。**美國認為NFT在分割後有可能被視同有價證券**，而日本則認為NFT必須符合法律的細項要件才能等同於有價證券。另一方面，日本對加密資產的定義非常廣泛，因此未來NFT極有可能被視為加密資產。

當法律制定落後於社會發展時，就會產生很多問題，這可能會讓大眾對NFT失去信任，或使NFT被用於洗錢等違法交易。我認為讓NFT相關法律制度逐漸趨於完備是目前最緊要的課題。

與NFT相關的法律論點（日本）

NFT到底是什麼？

沒有法律上的定義。《資金結算法》和《金融商品交易法》都沒有NFT的相關定義。

NFT是加密貨幣嗎？

視NFT的設計而定。NFT通常沒有清償對價的功能，因此並不符合日本法律對加密貨幣的定義。只要發行數量夠多，NFT失去個性而產生清償對價的功能時，也有可能符合加密貨幣的定義。

NFT是有價證券嗎？

視NFT的設計而定。現在市面上流通的大多是只能觀賞的藝術類NFT，通常不符合有價證券的定義。

NFT是預付式支付方式嗎？

也就是NFT算不算禮券或是預付卡這類物品的問題。視NFT的設計有可能算是。

買賣NFT算是外匯交易嗎？

基本上沒有法幣介入的話，就不需要考慮這個問題，但如果可以換回現金的話，就有可能算是外匯交易。

買賣NFT算賭博嗎？

如果勝負依賴偶然機率或以輸贏決定財物、財產的得失，就有可能符合賭博的定義（例如扭蛋或需要支付報名費且伴隨獎金的競賽活動，就很有可能算）。另外，在外國合法的服務有可能在日本是違法的。

會不會違反《不當景品標示法》？

買賣NFT很容易涉及物品、金錢以及其他經濟上的利益轉移，因此這點確實是個問題。

現行法律上不屬於有形物的NFT不具所有權，這樣真的合適嗎？

由於不具所有權，因此著作權的處理與實體創作不同，相當複雜（加密貨幣也一樣）。正因為不具所有權，所以著作權的處理更形重要。

有關《所得稅法》上的處理

到底算是事業所得？讓渡所得？還是雜所得？一般認為NFT應該屬於讓渡所得，但仍沒有統一的見解。

有關境外交易的消費稅處理

應該算資產讓渡，還是算利用電信網路提供的服務呢？

NFT商業的未來取決於法律制度、金融制度的完備

法律制度的完備對NFT的健全發展是不可或缺的

日本現在已制定了管理加密貨幣的法規制度。但在NFT方面，至少在筆者撰寫本書之際仍不存在相關規範。雖然正因如此才有這麼多業者搶著進入這塊市場，但繼續放任不管的話，未來很可能會因為沒有法規而引發糾紛，使大眾對NFT失去信任。

一直以來世界各國都對「加密貨幣容易被用於洗錢」這點抱有疑慮，因此各界都在討論要如何制定國際規範來加以管理。在這個背景下，日本很早便在2016年修正**《資金結算法》**，禁止未登記的業者經營加密貨幣交易事業。

2017年全球掀起一波**ICO（Initial Coin Offering，以募資為目的發行加密貨幣）**熱潮。這不僅使得加密貨幣的價格劇烈波動，也發生不少資產管理不當和詐欺行為，於是日本決定在2019年**強化《金融商品交易法》的相關管制**。

NFT也同樣存在容易被用於洗錢或是詐欺的疑慮。目前日本加密貨幣商業協會正打算針對NFT是否適用於現行法規的情況編寫詳細的指引。

除了金融制度外，另一個重大的課題就是重新審視賭博相關的法規。利用偶然性的「扭蛋」之所以沒有被視為賭博，就是因為扭蛋獲得的獎品不能兌換成金錢，但NFT卻可以兌換成加密貨幣，因此有可能會被視為賭博行為。另外，在外國合法的NFT遊戲也有可能在日本就變成違法。關於這部分，或許必須連同日本的博弈場所型態一起進行綜合討論。

NFT與洗錢

用NFT洗錢的方法

●高價標下（沒有價值的）藝術品
●偽裝成正常交易，高價買賣沒有價值的NFT

※參考　中國人民銀行指出NFT和元宇宙有可能被用於洗錢，研擬採取管制政策。

防制方法

●（藝術品部分）由合法鑑定人提供合宜的參考價格，要求成交價太離譜的交易出示買賣紀錄
●要求NFT交易所對客戶嚴格落實實名審查

※關於這點，也有人批評現在的NFT市集只要平台帳號被駭，該帳號擁有的NFT資產就有可能永遠找不回來。

業者的應對策略

●Dapper Labs

與區塊鏈分析大廠Chainalysis締結長期合作夥伴關係。宣布將運用交易監測工具「Chainalysis KYT」和合規監控工具「Chainalysis Reactor」檢查有犯罪嫌疑的交易，並進行詳細的調查。

●Elliptic Enterprises和HashPort（HashPalette的母公司）

區塊鏈領域的顧問諮詢和系統開發商HashPort宣布，將採用加密貨幣洗錢防制企業Elliptic的解決方案，用於自家的NFT交易系統中，建立健全的NFT市場。

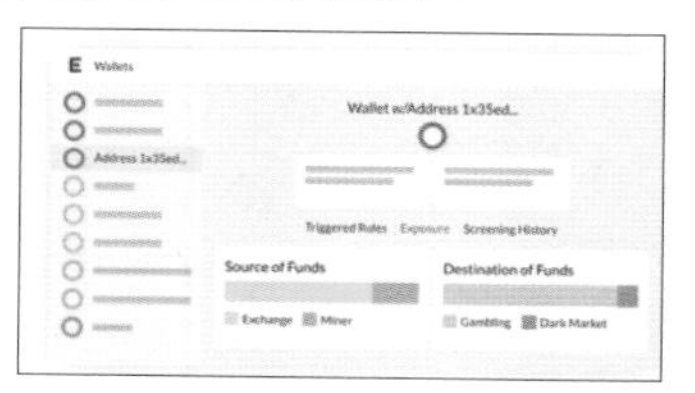

Elliptic Lens：可檢測錢包是否有違法行為的洗錢防制軟體。

Column

消除網路為IP所有者帶來的壞處

IP是Intellectual Property的縮寫，中文翻譯為智慧財產權。具代表性的智慧財產權有專利、商標、工業產權、營業機密等企業IP，不過現在IP這個詞大多是用來指著作物、繪畫、插畫、動畫、遊戲等藝術或娛樂領域中，受到《著作權法》保障的權利。

智慧財產權的所有人俗稱IP所有者。網路的誕生大大改變了這個世界，儘管其中也有很多不好的影響，但不可否認的是它為我們帶來極大的便利。不過對IP所有者而言，圖片、影像、照片、音樂等作品變得可被輕易複製散布，在營利方面蒙受很大的損失。

而IP所有者相信，NFT有可能解決這個長年令他們感到頭痛的問題。因為實際上NFT幾乎不可能被複製和竄改。否則Beeple的《Everydays: The First 5000 Days》也不會以6935萬美元的價格賣出。

除此之外，IP所有者對NFT抱持期待的另一個理由，就是NFT每次轉賣IP所有者都可以抽取權利金。這一點如果沒有智能合約技術便很難實現。而且就算交易所倒閉了，只要區塊鏈還在，NFT就能半永久地持續下去。

另外，因為價格波動劇烈而被認為難以當成貨幣使用的加密貨幣，如今也成為價值交換的工具在NFT市場上流通。這也可以算是NFT帶來的革命性變化吧。

Part 5

逐漸改變的商業現況

NFT的未來

NFT是在網路上創造「信任」的系統

在現實和數位的邊界逐漸模糊的世界，信任更形重要

前面我們說過NFT可以為IP所有者帶來各種好處，那麼各行業又是如何看待這點呢？根據Alexander Pfeiffer博士在MIT時代所做的實證實驗，音樂產業期待NFT能夠成為建立**「信任鏈」**的基礎，而媒體產業則期待NFT能夠成為**「信任的增幅器」**。兩者的關鍵字都是**「信任」**。

現在結合現實世界和數位世界的**「元宇宙」**逐漸受到大眾關注和期待。而除了元宇宙之外，還有一個概念叫做**「數位對映（Digital Twin）」**。這是目前主要應用於製造業等，在雲端模擬現實空間的技術。我們由此可知，現實世界和數位世界的邊界正變得愈來愈模糊，而且這個趨勢未來應該也會持續下去。

在現實和數位曖昧難分的世界中，「信任」將變得比過去更加重要。假如元宇宙中的土地和建築、藝術品等數位資產具有金錢價值，那麼它們必定是建立在信用和信任的基礎之上。為了擔保數位資產價值，NFT被寄予厚望。

要讓NFT更值得信任，必須先克服下面這些問題，像是**法規模糊且不完備**、**UI/UX對一般大眾而言不易使用**、**部分內容仍有可能遭到複製**、**即使具持有證明也不保證資料具有價值**、**光靠NFT無法確保現實資產的所有權和真實性之間的關聯**等等。這些都是必須盡速解決的難題。

現實和數位的邊界逐漸模糊，NFT的需求浮現

元宇宙、VR、數位對映等數位技術日益發達，催生出各種不同的虛擬空間，得以讓人們在其間「體驗」遊戲、創作、學習、測試等，而在進行這類商業活動時所需要的「信任」，可以由NFT產出。

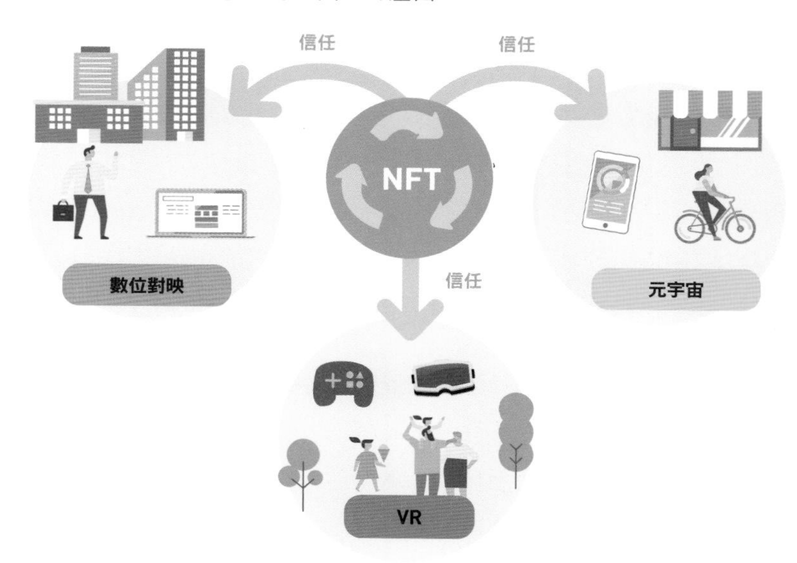

虛擬空間和NFT的關聯

虛擬空間	與NFT的關聯
VR	透過頭戴式裝置體驗用電腦繪圖製作的「虛擬實境（Virtual Reality）」世界。正在開拓於VR展場鑑賞或買賣NFT藝術品的市場。
AR	「擴增實境（Augmented Reality）」是一種利用數位設備將電腦圖形疊加在現實景色中的技術。此技術可以搭配NFT藝術，在實體店面中展示NFT。
MR	「混合實境（Mixed Reality）」是將虛擬實境與現實景色重疊在一起，然後呈現出來。可以經由體感NFT內容，進一步理解現實的狀況。
XR	「延展實境（Extended Reality）」是上述3種技術的統稱。可用虛擬分身實現更真實的互動。NFT技術可用於身分確認和交易，進行更真實的商務交流。
數位對映	將現實世界的所有物體、城市的資料複製到虛擬世界，在與現實別無二致的虛擬空間中可模擬或體驗各種事物。NFT可連結現實和虛擬。

NFT創造出的無形資產新經濟圈

資金向無形資產流動有助於實現普惠金融

由於全球實施量化寬鬆貨幣政策所導致的「流動性過剩（Excess Liquidity）」現象，在新冠疫情下被迫推動的數位化轉型中，這些無處可去的熱錢以驚人之勢湧向無形資產。在這波潮流之中，目前有很多資金流向NFT市場，相關事業也陸續興起。只要想想NFT可賦予無形資產稀少性、可信度，以及容易取得等特性，便能夠輕易理解這個現象。

而在此一過程中，**NFT實質上開始成為一種得以實現普惠金融（Financial Inclusion）的手段**。所謂普惠金融，是指「所有人為了在經濟活動中取得機會，或是為了緩解經濟不穩定狀況所能取得的金融服務」（根據世界銀行的定義）。

普惠金融的具體事例之一，就是Part 1介紹過，由越南開發的區塊鏈遊戲Axie Infinity。菲律賓只有23%的成人擁有銀行帳戶，而現在有許多菲律賓年輕人是靠Axie Infinity維持生計。Axie Infinity催生出一個不同於傳統以銀行為中心的新經濟圈。

Part 1和Part 3介紹的LINE所想要實現的新經濟生態，就包含了普惠金融這個面相。日本不同於菲律賓，大多數人口都有銀行帳戶，不過應該有不少年輕人沒有信用卡，或是覺得註冊加密貨幣帳戶很困難。但是只要使用LINE，任何人都能夠輕易進入以NFT為中心的新經濟圈。

無形資產和有形資產

「無形資產」是指符合「可估算出金錢價值的財產＝資產」的定義，但「沒有形體的資產」。相對地，「有形資產」是指有物質形體的資產。

有形資產	**有物質形體的資產** 現金、證券、存款、建築、商品、辦公用品、庫存、機械設備、原料等
無形資產	**不具物質形體的資產** ・人力資產：職業技能、內隱知識等 ・智慧財產（＝IP）：著作權、商標權、專利、實用新型專利、商譽、資料、軟體等 ・基礎性資產：生產體制、外顯知識、管理法、人才培育法等

用NFT遊戲實現普惠金融的例子「Axie Infinity」

由越南開發，蒐集怪獸「Axie」並利用牠們對戰的區塊鏈遊戲。玩家除了可以讓Axie進行戰鬥、合體產生新的Axie，還可以在遊戲中持有「土地（land）」，拓展玩法。遊戲中使用的貨幣（加密貨幣）有「SLP」和「AXS」等等，玩家可在遊戲中獲取並換成現金。另外也可以在NFT市集販賣Axie或遊戲中的道具。東南亞有愈來愈多年輕人靠「Axie Infinity」維持生計。

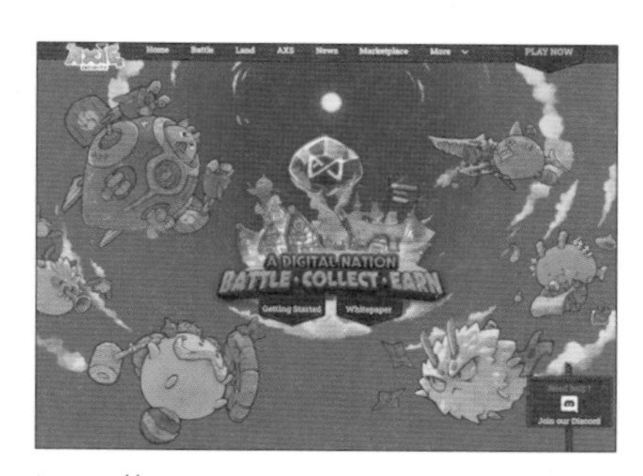

https://axieinfinity.com

日本和外國的NFT相關業者的合作與競爭

一面協助外國夥伴進入國內，一面用UI/UX與之競爭

自2021年起，日本業者陸續進入NFT市場。相較於Dapper Labs從2017年就開始經營NFT事業，日本公司晚了將近4年。然而考慮到歐美也有很多公司是2020年才開始投入NFT事業，這一次跟其他IT產業不同，日本幾乎可以說是跟其他國家同時起跑。

在這些企業當中，**支援多達16種加密貨幣的Coincheck，以及以NFT為基礎建立新經濟生態的LINE等公司**，它們在日本的動向也十分引人注目。相信今後它們將會**一邊與外國業者建立夥伴關係，一邊展開競爭**。

領導LINE區塊鏈事業的LVC的田中遼曾如此闡述自己的抱負，「NFT的存在是全球性的，我想先在日本國內建立所有人都能輕易取得日本NFT內容的環境，然後再跟世界接軌」。此外，Coincheck的天羽健介也說過要與外國夥伴建立合作體制，將NFT化的日本內容輸出到海外，提升日本內容產業的能見度（出自「日本加密貨幣交易業者期望打造的NFT事業）」[withB/2021.08.02]）。

日本獨有的規格會成為外國業者進入日本市場的障礙，而日本業者與外國業者合作，可以協助它們進入日本的市場。面對來自國外的競爭，日本公司則打算靠易用性（UI/UX）來決勝負，如同LINE、樂天，以及Coincheck所採取的策略。

日本加密貨幣商業協會NFT部會

2016年4月，一般社團法人虛擬貨幣商業學習會成立。該組織將自己定位為「集合金融機構的真知灼見，以日本國內虛擬貨幣商業的健全發展為目標，並以金融機構為中心的會員組織」。2018年8月改名為一般社團法人日本虛擬貨幣商業協會。2020年7月成立「NFT部會」。2021年4月製作並發布「NFT商業相關指引」。至2022年2月為止，已有108間公司成為該協會會員，而參加NFT部會的會員有41間公司。

正式會員（28間）

（株）Money Partners／bitbank（株）／（株）BITPoint Japan／QUOINE（株）／SBI VC Trade（株）／KDDI（株）／Coincheck（株）／Huobi Japan（株）／TaoTao（株）／Bitgate（株）／EXIA DIGITAL ASSET（株）／LVC（株）／NEXT COIN（株）／FXcoin（株）／（株）coinbook／（株）HashPort／（株）bitFlyer／（株）DeCurret／CoinBest（株）／Payward Asia（株）

準會員

Deloitte Touche Tohmatsu LLC／EY新日本有限責任監查法人／Simplex（株）／（株）UNIMEDIA／Forexware Japan（株）／西村朝日法律事務所／（株）博報堂／（株）QUICK／創・佐藤法律事務所／（株）withB／（株）COINJINJA／（株）CAICA／律師法人GVA法律事務所／Librus（株）／TMI綜合法律事務所／（株）Nextop.Asia／MS Minato綜合法律事務所

特別會員

森・濱田松本法律事務所／安德森毛利・友常法律事務所／片岡綜合法律事務所／PricewaterhouseCoopers Aarata LLC

日本第一個IEO的代幣PLT和Palette鏈帶來的未來

跨鏈技術和聯盟鏈的實際案例

展開NFT專門事業的HashPalette在2021年7月進行了IEO。**IEO是Initial Exchange Offering的縮寫，也就是透過交易所發行代幣**（這裡主要是指加密貨幣）**的機制**。負責審查本次IEO的加密貨幣交易所是Coincheck，此為日本第一個IEO事例。

這次IEO受到審查的加密貨幣是**Palette幣（PLT）**。PLT雖然是在以太坊上發行，但因為使用了跨鏈技術（可在不同區塊鏈上直接交換加密貨幣的技術），也可以在Palette鏈（專為NFT設計的區塊鏈）上流通。此外也能將PLT從Palette轉移到其他區塊鏈。

Palette是由名為Palette Consortium的企業聯盟所分散運用的聯盟鏈。不同於以太坊那種公有鏈，**聯盟鏈的礦工費比較穩定，而且也不需要向一般使用者收取礦工費（去礦工費化）**。

IEO募得的資金35%預定將用於支援Palette鏈的應用程式開發項目Palette Grant Program。另外HashPalette也將提供Palette的OEM，例如由coinbook發行的SKE48交換卡片即是一例，未來預定也將用於實現漫畫App與其他數位內容的轉賣，以及讓所有權明確化。今後應用Palette鏈和PLT的娛樂事業或許會迅速成長。

IEO的原理

由「Coincheck」等加密貨幣交易所進行審查，為發行代幣（這裡是指加密貨幣）的企業提供信用擔保。由於針對任何人都能發行代幣的ICO機制衍生出各種糾紛，經過反省，遂有了新的調整。

募資方法的差異

「IEO」和「STO」解決了「ICO」中「任何人都能進行募資」的「缺點」。「IEO」是透過交易所進行募資，而「STO」則是利用「智能合約」自動進行，這是兩者最大的不同。

	ICO※	IEO※	STO※
誰可以募資	任何人	交易所使用者	任何人（有些有限制）
管理者	無	交易所	無
交易對象	發行方	交易所	發行方
投資方法	智能合約	透過交易所	STO平台
流動性	低	高	中
透明性	低	高	高
安全性	低	高	高
顧客管理	經由第三方驗證（有時可能沒有）	KYC／AML※	KYC／AML※

※ICO：發行新代幣，IEO：透過交易所發行新代幣，STO：使用證券型代幣募資，KYC：開戶時確認客戶身分的手續統稱，AML：洗錢防制措施。

參考：https://fisco.jp/media/ieo-about/

日本許多大型企業加入的理由 日本內容產業的潛力

日本在NFT商業領域擁有全數一數二的潛力

日本是擁有眾多IP（智慧財產權）的「IP大國」。尤其是在遊戲、動畫、漫畫、Vocaloid等次文化領域，日本可說是全球領先國家之一。然而日本現在依然十分執著於有形資產，即使日本的IP外流到國外，多數日本人也對此無感。

可輕易且安全地將IP變成資產的NFT興起，對日本而言可說是個大好的機會。那麼，實際上發生了哪些變化呢？

最值得期待的應該是遊戲市場。NFT熱潮的開端就是區塊鏈遊戲，足見NFT與遊戲的相容性極佳，也累積了不少成功案例。另一方面，**日本不論在軟硬體方面都是世界名列前茅的遊戲大國。此外，遊戲也會推出角色周邊商品、交換卡片、漫畫化、動畫化、小說化等，透過各種二次利用方式來獲利。**

握有Final Fantasy和勇者鬥惡龍等眾多世界級暢銷作品的SQUARE ENIX現在也投入NFT開發。以此為契機，相信日本遊戲產業也將陸續進入這個市場。

現在全球數位產業被GAFA（譯註：Google、Apple、Facebook、Amazon這4間公司的合稱）等俗稱平台商的企業牢牢把持。反觀日本雖然很擅長內容創作，一直以來卻賺不到什麼錢。如果日本能認真看待NFT，相信不只是遊戲，也能以各種豐富的IP內容作為武器，迎戰全球市場。

NFT遊戲與TCG的差異

日本製作的交換式卡片遊戲（TCG）「CryptoSpells」的官網上對NFT遊戲的說明。NFT遊戲與傳統TCG的對比一目瞭然。

	TCG1.0	TCG2.0	TCG3.0
資產化	○ 自由交易	× 服務結束後全部歸零	○ 自由交易、可看見發行張數和持有者
二手流通	○	×	○

出處：CryptoSpells的官方網站（https://cryptospells.jp）

NFT可帶來擁有收藏品的樂趣

日本知名遊戲開發商SQUARE ENIX發行的第一款NFT商品是數位貼紙「資產性百萬亞瑟王」。開發團隊對My Crypto Heroes的成功產生危機感，於是有了NFT實證實驗企劃，後來乾脆一鼓作氣將它轉化成商品。分為「角色貼紙」和「4格漫畫貼紙」2種，可以選擇喜歡的角色或是4格漫畫中的其中1格進行購買。

NFT數位貼紙販賣網站（https://shisansei.million-arthurs.com）

NFT只是曇花一現的熱潮嗎？

金錢遊戲只要不過度炒作，就能落地生根

看到現在的NFT市場，也有不少人認為這只是曇花一現的泡沫。實際上，就跟過去的房地產泡沫和網路經濟泡沫一樣，現在很多人只是抱持投機心態進入NFT市場。而且先前接觸過加密貨幣的人也對前段時間的ICO熱潮及後來的崩壞記憶猶新，擔心NFT也會引起諸多糾紛和詐欺問題，最後一夕崩塌。

為了NFT市場的發展，法律制度的早期整備不可或缺。加密貨幣領域在經歷各種失敗的教訓後，開始推動法規和業界的自主規範，如今已經有一定程度的穩定度。但不可否定的是，過去幾年的混亂情況已在大眾心中留下「加密貨幣很可怕」的印象。而在NFT領域，雖然業者已從加密貨幣的教訓中學習，並開始進行自我規範，但最關鍵的法規整備卻沒有跟上。

目前在網路上搜尋有關NFT的資訊，搜尋結果最熱門的前幾名依然是鼓吹「用NFT賺錢」的文章，由此可看出很多人仍然把NFT當成投機的對象。如果這種「金錢遊戲」處於過熱的狀態，也許NFT會跟過去的泡沫經濟一樣因為過度飽和而爆破。事實上，NFT市場的確出現不少非法複製他人創作並發行成NFT來盜賣的犯罪行為，如果這類事例愈來愈多，最後就會讓社會大眾覺得「NFT很可怕」。

但不可忘記的是**NFT本身並沒有價值，而是「價值的載體」**。只要這點能被大眾普遍認識，NFT就不會只是曇花一現的熱潮，而能夠生根落地，成為支撐這個社會的基礎。

決定NFT能否成長的4個要素

充實的內容

使更多買賣IP（智慧財產）或數位內容的玩家加入，活化NFT市場。

提升使用者的便利性

為了使NFT能在多元的平台上交易，需要打造更貼近使用者的UI/UX。

解決技術性問題

透過技術革新改善NFT的基礎設施以太坊的可擴展性（因使用者增加，導致交易處理時間愈來愈長的問題）。

法令的整備

為了讓使用者能放心、安全地進行交易，在法律上明確定義NFT，建立完善的法規制度。

美國經濟策政策的影響仍不明確

一般認為2000年美國那斯達克市場的網路經濟泡沫，是因為電子商務的興盛和低利率政策導致熱錢過度湧入所致。如果把當年的電子商務換成NFT，就會發現兩者的結構十分相似。當年泡沫破裂的原因是聯準會升息。而聯準會在2022年3月宣布將結束零利率政策，引起外界擔憂NFT熱潮可能會受到影響。

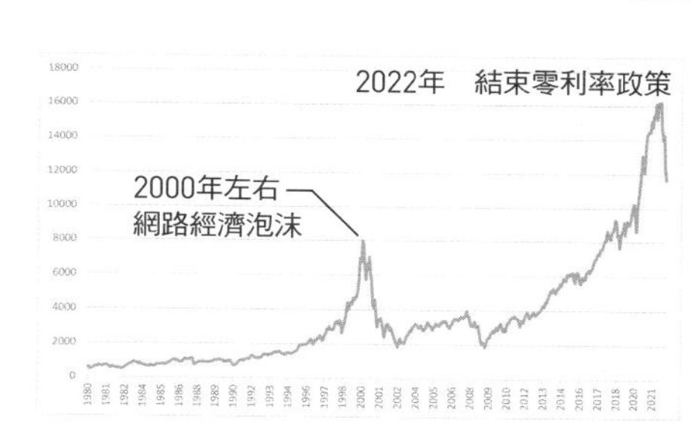

那斯達克綜合指數的變化

NFT創造出的新世界

NFT是區塊鏈和DAO實現Web3的關鍵

NFT或許能實現以太坊共同創辦人加文·伍德（Gavin Wood）所提倡的Web3（Web3.0）。

基於網際網路的Web（World Wide Web，全球資訊網）系統誕生於1990年。隨後在2005年，科技界興起Web2.0的概念，並將Web2.0之前的時代定義為Web1.0。

Web1.0使網際網路快速普及，但當時的網站幾乎都是以靜態讀取（單向傳輸）為主。有了Web2.0之後則是雙向傳輸的時代。而隨著社群網路和智慧手機出現，可從網路使用者蒐集到的資料爆發式地增長。善用大數據便能產生商機，因此資料的價值暴漲，財富和權力因而慢慢集中到握有大量資料的平台商手裡。

Web3則是被寄予厚望，期望透過重新分配過度集中的財富和權力，達成網路的民主化。以區塊鏈等分散式帳本技術為基礎，說不定能實現經由DAO（分散式自治組織）彼此合作創造財富，再將全數分配給全世界。

在Web3的世界，數位和現實無縫接軌，無形資產應該會比現在更具價值。每個人都有成功的機會，而且到時也會對弱勢者提出諸如普惠金融的救濟措施。

雖然這聽起來很像癡人說夢，但NFT或許握有實現這個想法的鑰匙也說不定。

Web的歷史與未來

一般經常認為Web3（Web3.0）是區塊鏈革命，而創造Web3核心價值的則是NFT。

	Web1.0 1990～2004	Web2.0 2005～2021	Web3.0 2022～
溝通	單向	互動	參與
內容	靜態／只讀取	動態	便攜&個人化
資訊流通	個人網站	部落格／wiki／社群網路	生命流（life stream）
搜尋方法	直接查詢	關鍵字／標籤	文本／關聯性
KPI	網頁瀏覽次數	轉換率	使用者參與度

對網路民主化的期許

無論是區塊鏈還是IPFS，Web3的核心技術都是直接點對點相連的分散節點。這種結構與DAO（分散式自治組織）的相容性非常良好。

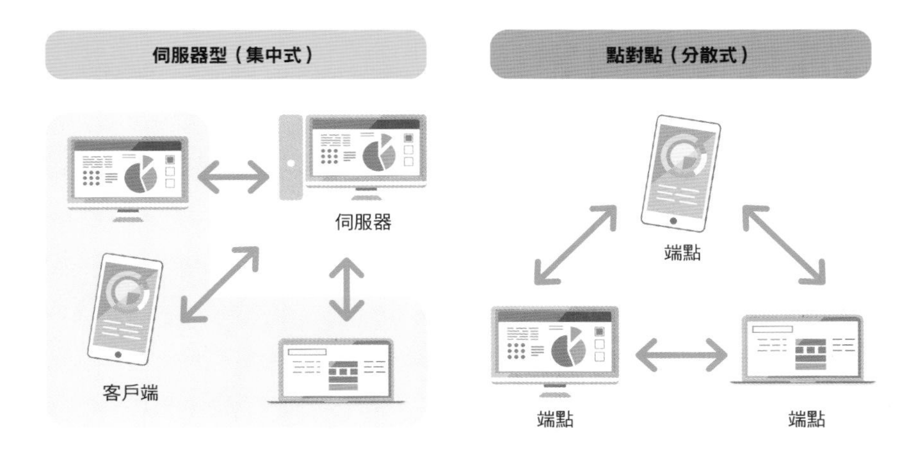

〈 附錄 NFT相關企業一覽 〉

遊戲 http://www.axelmark.co.jp/

AXEL MARK株式會社 除了區塊鏈遊戲相關事業外，還有經營廣告與IoT等事業。

設計 https://rhizomatiks.com/

株式會社Abstract Engine 藉由媒體藝術和產業、企業的合作，創造出新的藝術形式。

服務 https://alyawmu.com/

株式會社Aryamu 推動將NFT應用於故鄉稅和捐稅贈品。開發以NFT作為捐稅贈品的入口網站。

系統開發 https://www.smartapp.co.jp/

SBINFT株式會社 經營虛擬貨幣錢包App。開發應用區塊鏈技術的遊戲、服務，以及代幣管理App。

行動通訊 https://www.nttdocomo.co.jp/

株式會社NTT docomo 通訊事業、行動電話服務。

遊戲 http://www.altplus.co.jp/

株式會社Alt Plus 委託開發、軟體開發。

軟體 https://kyuzan.com/

株式會社Kyuzan 開發應用區塊鏈技術的商品及開發支援服務。

印刷、製版 http://www.kyodoprinting.co.jp/

共同印刷株式會社 出版印刷、商業印刷、生活資材等。

軟體 https://corp.cluster.mu/

Cluster株式會社 負責營運可以透過VR設備在虛擬空間參加活動的應用程式「cluster」。

廣告代理 http://gracone.co.jp

株式會社Gracone 業務含括廣告代理、廣告企劃與製作等。此外還有經營比特幣・區塊鏈學校。

IT服務 http://cryptogames.co.jp/

CryptoGames株式會社 開發出應用區塊鏈技術的網路遊戲「CryptoSpells」。

行動通訊 http://www.kddi.com/

KDDI株式會社 電子通訊事業。

證券 https://corporate.coincheck.com/

Coincheck株式會社

加密貨幣交易業。

網路服務供應商 http://www.gmo.jp/

GMO Internet株式會社

網路基礎設施・電商、網路媒體、網路證券、社群・智慧手機相關事業。

藝術品流通 https://www.shinwa-wise.com/

Shinwa Wise Holdings株式會社

決定持股公司和集團整體的方針與經營管理。

玩具 https://www.jp.square-enix.com

株式會社SQUARE ENIX

遊戲事業、出版事業、娛樂事業、IP經營事業等。

消費者服務、販賣 https://www.scopenext.co.jp/

株式會社ScopeNext

將智慧手機和PC上的遊戲與App內容NFT化並進行販賣。

IT服務 https://startbahn.io/

Starbahn株式會社

開發出應用區塊鏈技術的數位證書發行系統「Cert.」。

廣告代理 https://straym.com/

STRAYM ART AND CULTURE株式會社

負責營運藝術平台「STRAYM」。可實現小額投資。

IT服務 https://sekai-go.jp/

株式會社世界

協助中小企業的海外融資。開發、運用附有不可偽造之鑑定書與所有證明書的數位資料。

遊戲 https://www.doublejump.tokyo/

double jump.tokyo株式會社

開發出應用區塊鏈的網路遊戲「My Crypto Heores」。

金融 https://www.decurret-dcp.com/

株式會社Decurret

數位貨幣交易服務。

遊戲 https://dena.com/jp/

株式會社DeNA

行動平台入口網站的企劃與經營。

廣告代理 https://www.group.dentsu.com/jp/

株式會社電通集團

進行各種環境整備與提供支援，使集團整體能夠持續成長，並推動集團的治理。

系統整合	http://www.isid.co.jp/
株式會社電通國際資訊服務	諮詢顧問服務、軟體產品販售與支援、自家軟體的開發販售等等。
IT服務	https://www.24karat.io/?lang=ja
24karat株式會社	負責經營數位錢包「24karat ZAP」和Branded NFT市集「24karat NFT Marketplace」。
印刷、製版	http://www.toppan.co.jp/
凸版印刷株式會社	資訊溝通事業、生活・產業事業、電子產品事業。
服務	https://monobundle.com/
日本MonoBundle株式會社	經營NFTAPI「Hokusai」。一個具備發行NFT、傳輸、設定抽成、銷毀、資料參照等NFT功能的API。
系統開發	https://basset.ai/
株式會社Basset	區塊鏈交易分析、監控方案之開發。
消費者服務、販售	https://www.harti.tokyo/
株式會社HARTi	協助藝術創作營利的服務。
經營、財務	https://hashport.io
株式會社HashPort	區塊鏈相關的諮詢顧問服務。
電子設備資材批發	http://pixel-cz.co.jp/
PIXEL COMPANYZ株式會社	決定集團的經營方針、戰略及經營管理。
系統開發	https://bitcoinbank.co.jp/
bitbank株式會社	主要負責經營虛擬貨幣相關事業。如比特幣、虛擬貨幣交易所「bitbank」等。
IT服務	https://fracton.ventures/
Fracton Ventures株式會社	發放NFT胸章、提供代幣設計與發行諮詢、經營網路雜誌《Web3.0 Magazine》。
服務	https://block-base.co/
BlockBase株式會社	區塊鏈相關技術的諮詢顧問服務。
社群網站經營	http://mixi.co.jp
株式會社MIXI	經營「mixi」、「Find Job!」等平台。

出版 https://medibang.com/

株式會社MediBang

經營綜合平台「MediBang!」，提供漫畫、插畫、小說等內容。

IT服務 https://mediaequity.jp/

mediaequity株式會社

負責文章生成工具「AI SEO Writer Tool」、NFT發行服務「HEXA」之營運。

電子出版、發布 https://www.mediado.jp/

株式會社Media Do

數位內容流通、發布／系統開發、提供等。

網路購物 https://about.mercari.com/

株式會社Mercari

網路拍賣App「mercari」之企劃、開發、運用。

服務 https://www.mercoin.jp

株式會社Mercoin

加密貨幣和區塊鏈相關服務之企劃、開發。

音樂數位上架 http://www.mobilefactory.jp/

株式會社Mobile Factory

IT行動服務、社群App事業、行動內容事業。

網路廣告 https://about.yahoo.co.jp

日本雅虎株式會社

電商事業及會員服務事業、網路廣告事業等。

消費者服務、販售 https://www.yuimex.co.jp/

株式會社YUIMEX

經營提供動畫數位內容販售服務的「AniPic!」。販售動畫分鏡與原畫數位資料。

App https://about.utoniq.com/

株式會社Utoniq

經營專為藝術家和創作者提供服務的數位代幣發行管理平台「utoniq core」。

電話、資料通訊 https://linecorp.com/ja/

LINE株式會社

以通訊軟體「LINE」為中心的網路相關事業。

網路購物 https://corp.rakuten.co.jp/

樂天集團株式會社

入口網站、網路商城之營運。

廣告代理 https://1sec.world/#!page1

株式會社1sec

VR服務之營運。開發出運用AI和CG模仿人類的「虛擬對話機器人」。

符號與數字

英文

1～5劃

6～10劃

11～15劃

16～20劃

20劃以上

作者

森川ミユキ（戶籍名 森川滋之）

IT Breakthrough公司代表董事　精通IT的商業作家

1987年自京都大學畢業之後，進入東洋資訊系統公司（現TIS）任職。最初擔任IT工程師，負責開發大型主機的通訊中間軟體。主要擔任基礎設施技術人員，負責在大型主機OS、UNIX、Windows等各種OS上引進硬體設備、系統軟體，以及應用程式平台開發。曾擔任超過20個開發項目的組長，任職經理一職後被拔擢進入業務企劃部門。2005年離開公司成為IT顧問。2007年開始投入寫作，從事顧問業之餘出版了《給系統工程師的有價值的「工作設計」學》（暫譯，技術評論社）等10本著作，中文譯作則有《奇蹟業務處》（春光出版社），並不遺餘力地向IT類雜誌及網路媒體投稿刊文。2014年起成為專職作家，協助IT企業建立自媒體與協助企業經營者製作以品牌宣傳為目的的書籍。專長領域是數位化轉型、AI、雲端、數位行銷等。現在則積極投入NFT和元宇宙等與Web3相關的工作。

監修者

律師法人 GVA法律事務所Web3.0小組

「透過法務支援挑戰，
與委託人一同實現富足的社會」

GVA Professional Group（2012年成立）領先其他法律事務所，以支援新創企業為主要業務，為其提供相關法律服務。現在也以新創企業為中心，從成立公司到IPO、M&A、盡責查證等，提供各種企業必要的法務援助。現在視WEB3.0為重點領域之一，致力於NFT商業的法務服務。

監修團隊・檔案

小名木俊太郎

共同代表合夥律師（第二東京律師會所屬）

在事務所內設立Web3.0小組，並將其視為重點業務領域。有IEO/STO支援業務及眾多區塊鏈相關法務的經驗。擅長各種企業法務與金融業務。

熊谷直彌

資深律師（第一東京律師會所屬）

Web3.0小組的組長，負責研究區塊鏈相關的商務和實務處理，致力於協助NFT商務。日本加密貨幣商業協會NFT部會會員。

山地洋平

律師（第一東京律師會所屬）

在經營IT、通訊事業的上市公司參與尖端商業活動。同時致力於區塊鏈、NFT、STO、不動產證券化等領域，參與實務處理、講座和撰文等啟蒙活動。

山田達郎

律師（第二東京律師會所屬）

曾任系統工程師，負責開發專利、論文的檢索和分析系統，後來轉職成為律師。在Web3.0小組從事區塊鏈相關商務的支援工作，也致力於設立基金、IT法務等工作。

吉岡拓磨

律師（第一東京律師會所屬）

身為Web3.0小組成員，從事STO項目及NFT發行企劃等活動。同時也致力於跨國法務，推動區塊鏈相關商務的海外發展。

李昱昊

中國律師／行政書士（東京都行政書士會）

負責協助外國企業進入日本，以及協助日本企業進入中華圈時的法務和對外投資、國際法務等工作。積極協助日本國內外區塊鏈相關的商務活動。

【日文版工作人員】
責任編輯　伊東健太郎
編輯　塚越雅之（TIDY）
編輯協力　杉野遥（Matou）
裝幀　菊池祐（Lilac股份有限公司）
內頁設計・DTP　遠藤亜由美、土屋和浩（glovetokyo）

60PUN DE WAKARU! NFT BUSINESS CHONYUMON written by Miyuki Morikawa, supervised by Web 3.0 Team, GVA LPC.

Original Japanese edition published by Gijutsu-Hyoron Co., Ltd., Tokyo

This Complex Chinese edition published by arrangement with Gijutsu-Hyoron Co., Ltd., Tokyo
in care of Tuttle-Mori Agency, Inc., Tokyo.

超解析NFT新商機
Web3浪潮來襲，
掌握最新NFT技術應用與商業模式

2022年11月1日初版第一刷發行

作　　者　森川ミユキ
監 修 者　律師法人 GVA法律事務所Web3.0小組
譯　　者　陳識中
主　　編　陳正芳
特約美編　鄭佳容
發 行 人　若森稔雄
發 行 所　台灣東販股份有限公司
＜網址＞http://www.tohan.com.tw
法律顧問　蕭雄淋律師
香港發行　萬里機構出版有限公司
＜地址＞香港北角英皇道499號北角工業大廈20樓
＜電話＞（852）2564-7511
＜傳真＞（852）2565-5539
＜電郵＞info@wanlibk.com
＜網址＞http://www.wanlibk.com
http://www.facebook.com/wanlibk
香港經銷　香港聯合書刊物流有限公司
＜地址＞香港荃灣德士古道220-248號
荃灣工業中心16樓
＜電話＞（852）2150-2100
＜傳真＞（852）2407-3062
＜電郵＞info@suplogistics.com.hk
＜網址＞http://www.suplogistics.com.hk

Printed in Taiwan, China.